堤防工程防汛抢险理论与实务

雷　声　万怡国　蒋水华
邓　升　卢江海　刘小平　等　编著

中国水利水电出版社
www.waterpub.com.cn
·北京·

内 容 提 要

本书从堤防工程基础知识、堤防工程出险相关水利要素理论、堤防工程防汛组织与现代化抢险技术、堤防工程险情形成机理与应急处置以及加固处理技术等方面，系统介绍了堤防工程出险理论知识与实践应用，并选取了全国典型险情案例，详细阐述了不同险情的处置方式。本书理论知识丰富、实践案例多样，对国内外开展堤防工程防汛具有较好的理论与实践指导意义。

本书可供从事防汛工作的水利工作者阅读，也可供高等院校相关专业师生参考。

图书在版编目（ＣＩＰ）数据

堤防工程防汛抢险理论与实务 / 雷声等编著. -- 北京 ： 中国水利水电出版社，2024.6
ISBN 978-7-5226-2475-4

Ⅰ．①堤… Ⅱ．①雷… Ⅲ．①堤防－防洪工程 Ⅳ.①TV871

中国国家版本馆CIP数据核字(2024)第109600号

书　　名	**堤防工程防汛抢险理论与实务** DIFANG GONGCHENG FANGXUN QIANGXIAN LILUN YU SHIWU
作　　者	雷　声　万怡国　蒋水华　邓　升　卢江海　刘小平　等 编著
出版发行	中国水利水电出版社 （北京市海淀区玉渊潭南路 1 号 D 座　100038） 网址：www.waterpub.com.cn E－mail：sales@mwr.gov.cn 电话：(010) 68545888（营销中心）
经　　售	北京科水图书销售有限公司 电话：(010) 68545874、63202643 全国各地新华书店和相关出版物销售网点
排　　版	中国水利水电出版社微机排版中心
印　　刷	北京印匠彩色印刷有限公司
规　　格	184mm×260mm　16 开本　11.5 印张　280 千字
版　　次	2024 年 6 月第 1 版　2024 年 6 月第 1 次印刷
印　　数	001—800 册
定　　价	**60.00 元**

我国是世界上洪涝灾害最严重的国家之一，全国半数人口和大部分财富集中在江河附近、易受洪灾的防洪保护区内。堤防是流域防洪减灾工程体系的重要组成部分，经过长期持续建设，我国基本形成了覆盖全国大中小河流的堤防工程体系。据统计，截至 2022 年年底，全国共建成 5 级及以上各类堤防 33.06 万 km，保护人口 6.82 亿人、耕地 6.29 亿亩❶。近年来，在多条河流发生流域性大洪水或较大洪水的情况下，直接经济损失得到了较好的控制，因灾死亡失踪人口数量较往年有所减少，堤防工程发挥了显著的防洪减灾作用。

受全球气候变化影响，近年极端天气事件呈多发频发态势，暴雨洪涝灾害的突发性、极端性、反常性越来越明显，流域发生大洪水的可能性显著增加，防洪减灾工程体系遭受严峻考验。2020 年长江、淮河、太湖发生流域性洪水，为 1998 年以来最严重的汛情。2021 年"7·20"郑州特大暴雨再次让极端天气成为全国关注焦点。2023 年"杜苏芮""海葵"台风先后在我国北方多省和南方珠三角引发极端暴雨天气，造成严重灾情。

长期以来，沿江滨湖人民在与洪水做斗争的过程中，积累了丰富的堤防险情处置经验，有的形成了理论，有的口口相传。"防洪只有进行时，没有完成时"，如何发挥堤防工程的保障作用，抵御更大的洪水，确保洪水来临工程"固若金汤"，险情处置"有条不紊"，则需要不断地进行科学理论研究，传承已有的经验，加强新科技、新理论的引入，深化防汛措施。

鄱阳湖是我国最大的淡水湖，由于雨量充沛，湖区土地肥沃，自古以来是我国鱼米之乡，为了抵御洪水，人们在沿江滨湖区修筑了大量堤防工程。但受长江和江西五大河流来水影响，鄱阳湖洪涝灾害多发频发，洪水一旦上涨回落极慢，持续时间有时甚至长达 3 个月以上，造成堤防长期高水位浸泡，险情众多。在应对历年洪水过程中，江西省水利科学院通过科学研究、派驻专家、总结经验，积累了丰富的堤防工程抢险经验，本书对此进行了总结。

堤防工程防汛抢险涉及工程水文学、水力学、土力学、应急管理学等多

---

❶　1 亩 ≈ 667m²。

个学科，这些专业知识分布在不同教材、专业书籍和规程规范中。本书根据高校水利相关专业学生课程选修、基层技术人员和驻地武警官兵防汛救灾需求，结合鄱阳湖堤防防汛抢险实践，对堤防工程防汛抢险理论知识进行了系统的梳理和归纳，可以作为上述人员，特别是即将走上工作岗位的高校水利相关专业学生的选修教材，有利于系统学习基础知识，培养防汛抢险专业人才，快速适应工作岗位。

本书共9章。第1章介绍了堤防工程的相关概念及我国堤防工程的分布、级别划分、标准化管理及险情分类等。第2章介绍了堤防工程日常水文监测、应急水文监测及流域产汇流计算等。第3章介绍了堤防工程与水静力学、水动力学及渗流理论知识。第4章介绍了堤防工程中土的分类、物理性质及渗透性、渗透破坏特证和边坡稳定等。第5章介绍了堤防工程防汛应急抢险组织，包括组织体系、巡堤查险、信息报送、汛后维护、应急响应、防汛信息化系统等。第6章介绍了堤防险情探测、巡测技术。第7章介绍了堤防险情的定义、成险机理及应急处置方法。第8章介绍了一些常用的堤防加固处理技术。第9章介绍了应急抢险的案例。第1、5、6章由雷声、万怡国、刘小平编写，第2章由卢江海、万怡国、刘小平编写，第3、4、7章由蒋水华、万怡国、李文欢编写，第8章由邓升编写，第9章由万怡国、雷声、刘小平、杨志鹏编写。本书主要适用于江、湖、河堤和蓄滞洪区低洼地区围堤的土堤防汛抢险，水库大坝的土堤可以参考，海堤及填筑材料为石块、土石混合及混凝土等的防汛抢险可参考其他相关书籍。

本书在编写的过程中，得到了众多同仁专家的指导和帮助，提供了很多宝贵的意见、资料，参考借鉴了大量专家学者的专著、论文、调研报告和案例集等相关资料，在此谨向他们表示衷心的感谢；另外，本书得到了江西省水利科技项目（202124ZDKT30、202426ZDKT12、202325ZDKT07）及江西省技术创新引导类计划项目（20223AEI91008）、水利部重大科技项目（SKS-2022010）等课题项目的资助。

堤防工程防汛抢险技术内容广泛、发展迅速，限于篇幅及作者水平，书中疏漏及不当之处在所难免，恳请读者批评指正。

作者

2023 年 12 月

目录

第1章

绪　　论

1.1　堤防工程

1.1.1　概念

沿河、渠、湖、海岸或行洪区、分洪区、围垦区边缘修筑的挡水建筑物称为堤防工程。堤防工程是世界上最早广为采用的一种重要防洪工程，筑堤是防御洪水泛滥、保护居民和工农业生产的主要措施。河堤约束洪水后，将洪水限制在行洪道内，使同等流量的水深增加，行洪流速增大，有利于泄洪排沙，还可以抵挡风浪及抗御海潮。

1.1.2　堤防组成

堤防一般由堤基、堤身、堤岸及穿堤建筑物组成。堤身包括堤顶、迎水坡、背水坡、戗台、防渗及排水设施和防洪墙，如图 1.1-1 所示。

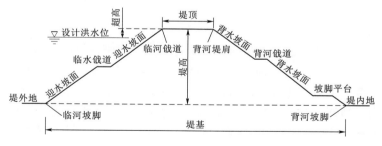

图 1.1-1　堤防组成示意图

1.1.3　堤防工程分类

我国堤防种类繁多，按照堤防工程使用位置和发挥作用的不同，一般分为河堤、湖堤、海堤以及水库、蓄滞洪区低洼地区的围堤等；按功能可分为干堤、支堤、子堤、遥堤、隔堤、行洪堤、防洪堤、围堤（圩垸）、防浪堤等；按照堤防工程填筑的材料不同，一般分为土堤、砌石堤、土石混合堤、钢筋混凝土堤；按照工程建设性质不同又分为新建堤防和老堤加固的扩建、改建堤防。

1.1.3.1　河堤

在洪水位高于当地地面高程的江河岸边，顺水流方向修建的挡水建筑物，称为江河堤防，简称河堤。河堤一般为土堤或土石混合堤，也有的采用砌石或混凝土防浪墙。河堤的主要作用为约束江河水，防止洪水淘刷、顶冲和漫溢造成灾害。

1.1.3.2　湖堤

在湖泊周围修建围堤，用以控制湖水水面，限制淹没范围，减少淹没面积，也可以通过修建围堤而抬高湖泊的蓄水水位，增加湖泊蓄水调洪能力，减轻江河防洪负担。

1.1.3.3　海堤

沿海滩或海岸修建堤防（防浪墙），用以阻挡涨潮和风暴潮对沿海低洼地区的侵袭，确保防风浪潮安全，也能增加陆地面积、防止附近土地盐碱化。

1.1.3.4　围堤

修建于蓄滞洪区周围的堤防，可以抬高蓄洪水位，形成较大的蓄滞洪库容，以适应临时蓄滞超标准洪水的需要，并确保蓄滞洪区周边地区的安全。

1.2　我国堤防工程分布

1.2.1　我国主要流域堤防工程分布

我国洪涝灾害主要发生在长江、黄河、珠江、淮河、海河、松花江和辽河七大江河的中下游及环太湖地区，因此，这些地区也是堤防工程的重点设置区域。根据全国水利发展统计公报，截至 2020 年年底，我国已建成 5 级以上江河堤防 32.8 万 km，累计达标堤防 24.0 万 km，堤防达标率为 73%，其中 1 级、2 级达标堤防长度为 4.25 万 km，达标长度为 3.7 万 km，达标率为 83.1%；已建江河堤防保护人口 6.5 亿人，保护耕地 $4.2 \times 10^7 \mathrm{hm}^2$。

1.2.1.1　长江流域

长江是世界第三、我国第一大河，发源于青藏高原的唐古拉山主峰各拉丹冬雪山西南侧，干流全长 6300 余千米，自西而东流经青海、四川、西藏、云南、重庆、湖北、湖南、江西、安徽、江苏、上海等 11 个省（自治区、直辖市）注入东海。支流展延至贵州、甘肃、陕西、河南、浙江、广西、广东、福建等 8 个省（自治区）。流域面积约 180 万 km^2，约占我国国土面积的 18.8%。长江流域水资源相对丰富，是我国水资源配置的战略水源地，多年平均水资源量为 9959 亿 m^3，约占全国的 36%，居全国各大江河之首，单位国土面积水资源量为 59.5 万 $\mathrm{m}^3/\mathrm{km}^2$，约为全国平均值的 2 倍。每年长江供水量超过 2000 亿 m^3，支撑流域经济社会供水安全；通过南水北调、引汉济渭、引江济淮、滇中引水等工程建设，惠泽流域外广大地区，保障供水安全。

长江流域堤防大致分为 3 个部分：①长江上游堤防，主要分布在四川盆地主要支流的中下游，长约 3100km。②长江中下游堤防，包括长江干堤，主要支流堤防，以及洞庭湖、鄱阳湖和太湖堤防，总长度约 3 万 km，保护耕地约 9000 万亩，保护人口约 8000 万人，是长江堤防的主体部分。长江干流自枝城以下两岸均筑有堤防，保护 12.6 万 km^2 的长江中下游平原。长江中下游平原地面高程普遍低于干流及支流尾闾洪水数米至十余米，洪水一来，即呈高于地面的"悬河"状态，是长江流域洪涝灾害最为严重、频繁的地区，其中又以荆江河段两岸受到洪水威胁最为严重。③长江海塘，全长约900km。

1.2.1.2　黄河流域

黄河是中国第二大河，发源于青海高原巴颜喀拉山北麓约古宗列盆地，流经青海、四川、甘肃、宁夏、内蒙古、山西、陕西、河南、山东9省（自治区），在山东省东营市垦利区注入渤海，干流全长5464km，流域总面积79.5万km^2（包括内流区面积4.2万km^2）。黄河上游为河源至贵德段，河道长3472km，流域面积42.8万km^2；贵德至孟津段为中游，河道长1206km，流域面积34.4万km^2；河南郑州桃花峪以下为下游，河道长786km，流域面积只有2.3万km^2。

黄河下游地区在华北平原形成高耸的"悬河"，从古至今一直是中华民族的心腹之患，威胁着25万km^2地区内的人民生命财产安全。为管束滚滚东流的河水，北岸至孟县以下，南岸至郑州铁桥以下，除了个别河段依靠山脉外，两岸皆有大堤。目前，黄河流域共有各类堤防14848km，其中临黄堤10936.49km，分滞洪区堤防1312.87km，支流堤防1195.24km，河口堤防1138.82km，另外，有各类不设防（不加修不防守）堤防264.58km。

1.2.1.3　珠江流域

珠江由西江、北江、东江、珠江三角洲诸河组成，流域面积为45.37万km^2，其中中国境内流域面积44.21万km^2。西江为珠江的主干流，发源于云南省曲靖市沾益区境内的马雄山，在广东省珠海市的磨刀门注入南海，干流全长2214km，堤岸总长125.66km。典型而重要的珠江堤防是北江大堤、南宁大堤和梧州大堤。

（1）北江大堤。北江大堤位于北江下游左岸，北起清远市清城区石角镇，沿北江直流大燕水，出北江干流南下，经佛山市三水区的大塘、黄塘、河口、西南镇，直到南海区狮山镇为止，全长63.34km，是全国七大重点堤围之一，是广东省最重要的堤围，也是广州和珠江三角洲的防洪屏障。

（2）南宁大堤。南宁大堤是南宁城市建设中最重要的基础设施之一，是南宁市的生命线、南宁人安居乐业的"保护神"。截至2010年，南宁防洪大堤共建成防洪堤28.22km，防洪标准由原来的20年一遇提高到50年一遇，若与上游的百色水利枢纽和老口水利交通枢纽联合调度，可使南宁市防洪能力提高到200年一遇。自南宁防洪大堤建成后，多次成功抵御洪水的侵袭。

（3）梧州大堤。梧州大堤总长65km，广西境内80%的江河水流经该处，使梧州成为全国首批25个重点防洪城市之一。

1.2.1.4　淮河流域

淮河流域地处我国东中部，面积为27万km^2，西起桐柏山、伏牛山，东临黄海，南以大别山、江淮丘陵、通扬运河和如泰运河与长江流域接壤，北以黄河南堤和沂蒙山脉与黄河流域毗邻。流域内以废黄河为界分为淮河和沂沭泗河两大水系，流域面积分别为19万km^2和8万km^2。流域多年平均年降水量为878mm，北部沿黄地区为600～700mm，南部山区可达1400～1500mm，汛期（6—9月）降水量约占年降水量的50%～75%。流域多年平均水资源总量为812亿m^3，其中地表水资源量为606亿m^3，占水资源总量的 75%。

　　淮河流域人口密集，土地肥沃，资源丰富，交通便利，是长江经济带、长三角一体化、中原经济区的覆盖区域，也是大运河文化带主要集聚地区，在我国社会经济发展大局中具有十分重要的地位。流域跨河南、湖北、安徽、江苏、山东 5 省 40 个地级市，237 个县（市、区），耕地面积约 2.21 亿亩，约占全国耕地面积 11%，粮食产量约占全国总产量的 1/6，提供的商品粮约占全国的 1/4。现有各类堤防 6.6 万多 km，其中主要堤防为 1.1 万 km。

1.2.1.5　海河流域

　　海河是我国华北地区流入渤海诸河的总称，东临渤海，西依太行，南界黄河，北接内蒙古高原，流域总面积 31.82 万 km²，占全国总面积的 3.3%。海河流域包括海河、滦河、马颊河等 3 大水系、7 大河系、10 条骨干河流。流域面积分别为 23.18 万 km²、5.45 万 km²、3.18 万 km²。流域内堤防总长超过 3 万 km，相当于全国堤防总长的 10%。海河流域人口密集，大中城市众多，具有发展经济的技术、人才、资源、地理优势，在我国政治经济中的地位极为重要。

1.2.1.6　松辽流域

　　松辽流域泛指东北地区，行政区划包括辽宁、吉林、黑龙江三省和内蒙古自治区东部的四盟（市）以及河北省承德市的一部分。松辽流域西、北、东 3 面环山，南部濒临渤海和黄海，中、南部形成宽阔的辽河平原、松嫩平原，东北部为三江平原，流域总面积为 124.92 万 km²。松辽流域内有两大江河，居北的是松花江，西南的是辽河。流域内主要河流有辽河、松花江、黑龙江、乌苏里江、绥芬河、图们江、鸭绿江以及独流入海河流等，其中黑龙江、乌苏里江、绥芬河、图们江、鸭绿江为国际河流。

　　松花江有两源，北源嫩江，河长 1370km；南源西流松花江，河长 958km。两江在三岔河汇合后称松花江干流，河长 939km，松花江干流在黑龙江省同江市注入黑龙江。松花江流域面积 56.12 万 km²。辽河全长 1345km，发源于七老图山脉的光头山，在西安村附近汇入西拉木伦河后，称西辽河，于福德店纳入东辽河后，称辽河，于盘山县入渤海。浑河、太河汇成大辽河，于营口入渤海。历史上浑河、太河两河是辽河支流，1958 年以后水力截断成为独立水系。习惯上仍把浑河、太河、大辽河流域作为辽河流域的一部分。辽河流域面积为 22.11 万 km²。黑龙江为中俄界河，有南北两源，北源为俄罗斯境内的石勒喀河，南源为中俄界河额尔古纳河，额尔古纳河与石勒喀河于漠河县洛河村附近汇合后称黑龙江，在俄罗斯的尼古拉耶夫斯克注入鄂霍次克海峡。超大的支流有我国的松花江和中俄界河乌苏里江及俄罗斯境内的结雅河、布列亚河和通古斯河。以石勒喀河为源头，黑龙江长 4416km，以海拉尔河为源头，黑龙江全长 4344km。流域面积为 184 万 km²，其中在中国范围内面积为 89.1 万 km²。

　　松辽流域夏季 7—9 月雨量集中，加上台风袭扰，洪水与洪灾频繁发生。松辽流域暴雨多集中在 7—8 月，暴雨历时一般在 3d 以内，主要雨量集中在 24h 内。据 100 多年的资料分析和统计，松花江流域每 2～3 年、辽河流域每 2 年就要发生一次严重的洪涝灾害。如 1951 年、1953 年、1957 年、1960 年、1985 年、1995 年、1998 年、2010 年、2013 年等，松辽流域发生较大范围的洪水与洪灾，给沿江地区的工农业生产和人民生命财产安全带来严重影响和威胁。目前，松辽流域达标堤防总长 25024km，其中 1 级堤防长为 1164km，2 级堤防长为 4899km。

1.2.1.7 太湖流域

太湖流域地处长江三角洲的南翼，北抵长江，东临东海，南滨钱塘江，西以天目山、茅山为界，地跨江苏、浙江、上海两省一市和安徽省一部分，是我国经济最发达的地区之一，流域面积为 3.7 万 km²。太湖流域独有的江南水乡地理条件为经济社会发展提供了优越的自然禀赋，但也极易发生洪涝灾害，易影响流域经济社会的平稳安全发展。太湖流域属典型的平原感潮河网地区，平原区、山丘区面积各占 80%、20%，流域地形呈碟状，周边高、中间低、地势平坦，50% 以上的平原地面高程低于洪水位。流域内河网如织，湖泊棋布，水面率高达约 15%，为洪涝灾害防御提供了良好条件；但流域内河道比降小，平均坡降约为（0.5~1）×10^{-5}，水流流速缓慢，汛期一般仅为 0.3~0.5m/s，再加上河道尾闾受潮汐顶托影响，排水困难，洪水位易涨难消。

太湖流域的堤防工程主要有环湖大堤、望虞河堤防工程和太浦河堤防工程。其中，环湖大堤 232km，望虞河堤防 110.5km，太浦河堤防 73km。浙江省内太湖流域的堤防工程主要有环湖大堤、西险大塘、导流东大堤和钱塘江北岸海塘，其中环湖大堤浙江段全长 65.12km，西险大塘 44.6km，导流东大堤 44.7km，钱塘江北岸海塘 188.1km。上海市已建成一线海塘 514km，整体上达到 100 年一遇潮位加 11 级风防御标准；黄浦江防汛墙全长 511km，其中市区段全长 294km，可防御 1000 年一遇潮位；黄浦江上游干流及其支流段 217km，按 50 年一遇的防洪标准设防。福建省按防御历史最高潮水位加 10~12 级风浪高标准完成海堤加固建设 1070km，按国家规定的设防标准兴建加固江堤 1019km。

1.2.2 我国浅海堤防工程分布

我国沿海地区从北到南，大陆海岸线总长 18918km。其中东南沿海地区因频繁遭受台风袭击，且经济相对较发达，人居密度大，对海堤防护功能要求较高，海堤规模较大。而北方沿海地区由于受台风影响较小，且多为砂砾质海岸与基岩海岸，对海堤防护要求较低，修筑规模较小。近年来我国经济发展迅速，带动沿海各地区经济迅速发展，从而对沿海堤防工程建设也提出了新目标，北方沿海地区也进入了全新的海堤建设和防护阶段。目前，我国已建成海堤 13830km，其中达标海堤 6624km，保护人口 5880 万人，保护耕地面积 312km²，保护区内国民生产总值 1.32 万亿元。已建海堤工程为沿海地区防御风暴潮灾害提供了重要的保障。

（1）江苏省。现有海岸线 954km，长江口以北的苏北沿海主海堤 775km，其中侵蚀性堤段约 338km。堤高一般为 5.5~9.0m，堤顶宽一般为 5~10m，内坡坡度为 1:2.5~1:1.5，最大可为 1:35，其断面形式因地而异。

（2）上海市。海堤总长 510km，主要分布在崇明岛、长兴岛、横沙岛以及从江苏交界起至与浙江交界处的沿海地带。其中，重要地区的海堤抵御标准从 100 年一遇高潮加 11~12 级风标准提高到了 200 年一遇高潮加 12 级风标准。规划期内的岸滩保护工程已经基本完成，为沿海一线的防汛提供了保障。

（3）浙江省。海岸线总长约 6141km，其中大陆海岸线长 1840km，海堤工程以杭州湾为分界线，分为杭州湾海堤与浙东海堤，分别长 160km 和 1768km。浙江省于 1997 年开始对城市防洪标准进行重新制定，其中，杭州市防洪标准为 100 年一遇至 300 年一遇，其他城市为 50 年一遇至 100 年一遇。

（4）福建省。福建省海岸线长 3752km，海堤总长 1792km，多为滩涂围垦时修建，其中保护面积达千亩以上的海堤约 1136km。该地区多采用斜坡式海堤，包括单堤、带平台的复式斜坡堤及坡度较陡的陡墙式斜坡堤，海堤的堤顶宽度一般设计较窄（2.0～3.0m），外坡坡度多为 1∶2～1∶3，内坡坡度为 1∶1～1∶2，护面多采用干砌石。

（5）广东省。广东省海岸线长 3368km，共建海堤 1020 条，总长 4032km，保护耕地面积 462.45 万亩，保护人口 400 万人。其中保护耕地 5 万亩以上的海堤有 22 条，堤线长度 710km，保护耕地 1 万～5 万亩的海堤有 110 条，堤线长度 1690km。

（6）广西壮族自治区。广西壮族自治区在 1997 年以前总体防洪标准较低，1997 年以后才开始重视和加强海堤的建设。在沿海的北海、钦州和防城港地区，目前已建成达标海堤 111.53km，大大增强了这些地区的防潮能力。广西壮族自治区目前正在建设的 2 级海堤总长约 389km。

（7）海南省。海南省海岸线约 1181km，在未进行达标工程建设之前，整体防洪标准设计较低，一般为 5 年一遇至 10 年一遇，而且海堤类型多是土堤。近年来海南省结合水利基本建设多方筹资，全面提高堤防工程的设计标准，加强和重视海堤达标工程的建设。目前全省达标的海堤工程长度约 126.83km，全省防御暴潮的能力得到了有效的提高和保障。

1.3　我国堤防工程的建设特点

在我国几千年的历史长河中，堤防工程建设由来已久。部分堤防受限于当时的经济、技术和管理水平，从设计、施工到管理都存在不同程度的缺陷。加之运行较长，长达数十年甚至上百年，因此大部分的堤防都存在不同程度的险情隐患，尤其以黄河、长江流域的土堤险情隐患最为严重。土堤因具有就地取材、环保、施工方便、对工程地质条件要求较低等优点而广泛存在，但在水流的作用下极易形成渗水、管涌、漏洞、散浸、跌窝、崩岸等险情，严重威胁堤防工程的安全。1949 年新中国成立以来，尤其是近一个时期，伴随着经济社会的快速发展，各地均进行了大量堤防加固、加高、扩建等工程，但从整体上看，我国防洪标准还不高，抵御洪水灾害的能力还不强，险情多、风险大，抗洪抢险手段落后、技术含量低、洪水管理措施不尽完善。部分大江大河的防洪标准仅为 10 年一遇至 20 年一遇，中小河流的防洪标准更低，许多尚处于无设防状态。

总体上看，我国堤防工程可能存在的防洪安全问题有以下几个方面：

（1）堤基条件差。堤防傍河而建，堤线选择受到河势条件制约，基础大多为砂基，而且绝大部分堤防未做基础处理。

（2）堤身建筑质量差。不少堤防是在原有民堤的基础上，经历年逐渐加高培厚而成，往往质量不佳。

（3）堤后坑塘多，尤其是长江干堤和洞庭湖、鄱阳湖，多年来普遍在堤后取土筑堤，使堤后坑塘密布，覆盖薄弱。因此，当遭遇洪水时堤防经常发生崩岸、管涌、滑坡和漫溢等险情，严重者还会使大堤发生溃决。

1.4 堤防工程级别划分及防洪标准

根据《防洪标准》（GB 50201—2014）的有关规定，堤防的级别划分与防洪标准按以下要求执行：

（1）堤防工程的防洪标准应根据保护区内保护对象的防洪标准和经审批的流域防洪规划、区域防洪规划综合研究确定，并应符合下列规定：

1）保护区仅依靠堤防工程达到其防洪标准时，堤防工程的防洪标准应根据保护区内防洪标准较高的保护对象的防洪标准确定。

2）保护区依靠包括堤防工程在内的多项防洪工程组成的防洪体系达到其防洪标准时，堤防工程的防洪标准应按经审批的流域防洪规划、区域防洪规划中堤防工程所承担的防洪任务确定。

3）蓄、滞洪区堤防工程的防洪标准应根据经审批的流域防洪规划、区域防洪规划的要求确定。

（2）根据保护对象的重要程度和失事后遭受洪灾损失的影响程度，可适当降低或提高堤防工程的防洪标准。当采用低于或高于规定的防洪标准时，应进行论证并报水行政主管部门批准。

（3）堤防工程级别应根据确定的保护对象的防洪标准，按表 1.4－1 的规定确定。

表 1.4－1　　　　　　　　　　　堤 防 工 程 的 级 别

防洪标准［重现期/年］	≥100	<100，且≥50	<50，且≥30	<30，且≥20	<20，且≥10
堤防工程的级别	1	2	3	4	5

（4）遭受洪（潮）灾或失事后损失巨大、影响十分严重的堤防工程，其级别可适当提高；遭受洪（潮）灾或失事后损失及影响较小或使用期限较短的临时堤防工程，其级别可适当降低。提高或降低堤防工程级别时，1级、2级堤防工程应报国务院水行政主管部门批准，3级及以下堤防工程应报流域机构或省级水行政主管部门批准。

（5）堤防工程上的闸、涵、泵站等建筑物及其他构筑物的设计防洪标准，不应低于堤防工程的防洪标准。

1.5 堤防工程标准化管理

1.5.1 管理范围及要求

堤防工程管理是为了保障工程能按设计要求发挥其防护作用而开展的日常管理和工程

维修工作,包括日常巡查检查、消除工程出现的工程问题等。

1.5.1.1 管理范围和保护范围

以江西省为例,堤防工程管理范围和保护范围如下:

(1)保护农田 5 万亩以上的圩堤管理范围为迎水面堤脚外 30～50m,背水面距堤脚外(其中险段为压浸台脚外)不小于 30m。其他堤防管理范围为迎水面和背水面堤脚外不小于 20m。

(2)管理范围边缘延伸 80～200m 为保护范围。

1.5.1.2 管理要求

(1)工程管理范围和保护范围应在工程图纸中标明,并注明关键点坐标。工程图纸可采用现有测绘成果,应注明资料成果来源;无测绘资料的,应开展必要的地形和大断面测绘工作。

(2)管理范围和保护范围划界资料报请当地县级及以上人民政府批准。

(3)管理单位应在管理范围关键部位设置界桩、界牌等固定标志。

(4)建立管理范围和保护范围内违章建筑物、违法行为等台账,及时清理违章和制止违法行为,并上报主管部门。

1.5.2 管理内容

管理内容有安全管理、运行管理和养护管理 3 个方面的内容。

1.5.2.1 安全管理

(1)管理设施。

1)安全监测设施:按要求配置水位、渗流、变形等监测设施,其布置与数量应符合《水利水电工程安全监测设计规范》(SL 725—2016)要求;每隔 3～5 年对监测设施进行考证评价,建立监测设施考证档案。

2)标识标牌:标识标牌包括公告类、名称类、警示类、指引类,规格样式与设置应符合《水利工程标识标牌》(DB36/T 1332—2020)要求;工程险工险段、穿堤建筑物、路堤结合处等部位应设立公告类或警示类标识标牌;工程应按照行政区划在交界处设置界桩或界牌,明确管理责任。

3)管理用房:管理用房包括办公用房、生产设备用房、生活用房、庭院、防汛房和附属设施等;管理用房应能满足堤防工程运行管理人员的工作和生活需要,办公区和休息区应隔离;防汛房宜布置在堤防背水侧的墩台、空地或专门加宽的堤顶等场地。

4)安全保障设施:堤顶道路应满足工程防汛抢险需要,并保持道路通畅;配备移动电话、固定电话、对讲机、网络等通信设施 2 种及以上;配备警报器、电话等预警设施 1 种及以上;配备备用电源,确保运行正常。

(2)防汛准备。

1)设置专用防汛仓库和现场储料池,备有足额的土料、砂石料、袋类、土工布、块石、桩木等防汛物料,并结合险工险段位置分类存放。

2)制定防汛物资分布图、调运线路图,并在适当位置明示。

3)建立防汛物资出入库登记台账。

4）应及时对消耗、损坏、老化的防汛物资进行清理和补充。

5）建立防汛抢险队伍，并明确所有人员名单及联系方式。

（3）应急预案。

1）应编制堤防工程抢险应急预案，度汛方案报有审批权限的防汛抗旱指挥机构审批，抢险应急预案报相关主管部门审批。

2）每年汛前至少开展1次应急预案宣传和演练，可采取桌面演练、功能演练或全面演练等方式。

3）堤防工程特性发生变化时，应及时修订度汛方案、应急预案，并经原审批单位重新审批。

4）汛期应按度汛方案进行防汛准备、巡查、监测等工作。

5）发生突发事件符合预案启动条件时，应按权限启动应急预案。

（4）险工险段管理。

1）建立险工险段台账，及时更新险工险段信息，实行动态管理。

2）定期组织检查，重点部位应加强巡查、观测，根据险工险段的不同性质、类别分别制定应急处理方案。

3）及时采取除险加固措施，实行销号处理。

1.5.2.2　运行管理

1. 技术手册

（1）应编制管理手册、操作手册和关键岗位口袋本，并根据实际变化及时修订。

（2）管理手册主要内容包括工程概况、组织机构、规章制度、管理范围、管理设施、公共安全、档案管理、管理考核等。

（3）操作手册主要内容包括运行调度、巡视检查、安全监测、设备器具操作、维修养护、信息化管理等。

（4）口袋本主要内容包括岗位的工作职责、工作事项、操作流程、工作记录等。

2. 巡视检查

巡视检查包括日常巡查、定期检查、特别检查和专项检查。巡查前应准备必要的工具、安全防护用具。应按操作手册规定的频次、路线、内容和方法进行检查。巡查过程发现异常现象时，应及时做好记录。情况严重时，应及时报告。

（1）日常巡查。

1）频次应符合下列要求：①汛期：未超警戒水位时主汛期不少于1次/日，后汛期不少于1次/2日；超警戒水位时，按照当地防汛指挥机构要求执行；②险工险段应根据实际情况增加巡查频次；③非汛期：重点堤防工程不少于2次/周，一般堤防工程不少于1次/周。

2）检查内容应符合下列要求：①检查范围包括堤顶、堤身、堤岸防护工程、安全监测设施、防渗及排水设施、穿堤建筑物、跨堤建筑物、启闭机等金属结构及其配套的电气设备、专用供电线路、防汛巡查通道等；②检查内容应符合《堤防工程养护修理规程》（SL 595—2013）规范要求。

3）检查方法应符合下列要求：①主要采用眼看、耳听、手摸、脚踩等直观方法，辅以锤、钎、钢卷尺等简单工具器材，对工程表面和异常现象进行检查；②巡查发现缺陷或异常等情况时，应有详细的情况说明和部位描述，必要时拍摄现场照片或录像；③每次检查完毕后，应及时整理资料。

4）巡查记录应符合下列要求：①巡查人员应逐项填写检查记录；②巡查记录（包括拍照或录像）应清晰、完整、准确、规范；③纸质检查记录应当场签名，采用巡检仪等设备进行检查时，应做好电子签名。

（2）定期检查。定期检查包括汛前检查和汛后检查。汛前检查应在每年 3 月底前完成，汛后检查宜在每年 10 月底前完成。除日常巡查内容外，汛前检查还应对下列内容进行检查和评价：①防汛责任制落实情况；②闸门与启闭设备的保养维护、试运行等情况、供电线路、备用电源的运行情况及相关运行记录；③防汛物资和防汛抢险队伍的准备和落实；④预警设施；⑤度汛方案和防汛抢险应急预案编制与报批；⑥巡堤查险通道；⑦上一年度发现问题的处理情况。

除日常巡查内容外，汛后检查还应对下列内容进行检查和评价：①水毁情况；②当年洪水记录、险情及处理记录；③防汛调度合理性；④防汛物资使用；⑤信息化及监测系统运行情况。

检查记录应符合下列要求：①巡查结束后，检查人员应按照检查范围逐项填写检查记录；②纸质检查记录应当场签名，采用信息化设备进行检查记录的，应做好电子签名；③在完成检查后，及时编制检查报告。

（3）特别检查。特别检查应由管理单位组织技术人员和相关专家开展，必要时应报请上级主管部门和有关单位共同检查。

在发生特别运用工况后，应立即开展特别检查。特别运用工况主要指：①当发生台风、大暴雨、地震、重大事故等可能造成堤防工程受损时的情况；②其他影响堤防安全运用的特殊情况。

特别检查后应做好检查记录，及时编制检查报告。

（4）专项检查。对日常检查、定期检查、特别检查中发现的，需要通过隐患探测、安全监测等手段解决的疑难问题，应进行专项检查。

堤身、堤基隐患探测检查或水下块石（抛石、护脚）探测等专项探测应符合《堤防隐患探测规程》（SL 436—2023）、《堤防工程安全监测技术规程》（SL/T 794—2020）要求。

3. 安全监测

堤防工程应根据工程级别、水文气象、地形地质条件、堤防结构型式和工程运用要求，设置必要的变形、裂缝、渗流等监测设施。监测项目、设施布置及安装埋设应符合《堤防工程管理设计规范》（SL/T 171—2020）和《堤防工程安全监测技术规程》（SL/T 794—2020）要求。监测方式分为自动观测和人工观测，采用自动观测时，应定期进行人工校验。安全监测应人员固定、仪器固定、测次固定和时间固定。安全观测宜委托具有相应专业技术力量的服务机构承担。

（1）监测频次（时间）。位移监测应符合以下要求：①土、石堤，非汛期不少于 1 次/2 月，汛期不少于 1 次/月；②混凝土防洪墙，非汛期不少于 1 次/月，汛期不少于 2 次/月；③当位移变化异常或河（江）水位变化剧烈时，宜加密观测。

表面裂缝监测应符合以下要求：①裂缝发现初期时，不少于 1 次/周；②裂缝趋于稳定后，土、石堤非汛期不少于 1 次/季，汛期不少于 1 次/月；③裂缝趋于稳定后，混凝土防洪墙非汛期不少于 1 次/月，汛期不少于 2 次/月；④当裂缝发展较快时，应加密观测。

渗流监测应符合以下要求：①非汛期不少于 1 次/月，汛期不少于 4 次/月；②河（江）水位变化剧烈时，应加密观测。

（2）监测方法。变形观测可参照《工程测量标准》（GB 50026—2020）执行，观测精度应符合《堤防工程安全监测技术规程》（SL/T 794—2020）要求。采用钢钉观测表面裂缝时，应将游标卡尺（钢尺）对准裂缝两侧的钢钉内侧，读取数据。采用电测水位计观测渗流压力时，每次测量应读取 2 次，两次测读误差应不大于 2cm。采用量水堰观测渗流量时，连续观测 2 次，取平均值作为最后读数，两次观测值之差不应超过 1mm。采用自动化采集系统进行安全观测时，应准确将各项仪器参数输入系统。

（3）监测要求。观测前应检查设施的完好性，测压管每年应进行 1 次灵敏度测试。选用的仪器设备技术参数应符合相关规范规定，自动化监测仪器每年应至少进行 1 次人工比测、校正和校准。每次观测时，应立即检查数据的准确性，如有异常，应分析原因，必要时重新观测。定期进行自动化观测与人工观测比对，确保观测成果的真实性和准确性。

（4）监测记录。记录应采用规范的表格，垂直位移监测、水位监测、裂缝监测等的格式可参照相关规范。每次完成现场采集后，观测人员应在记录表上签名。数据填写应清晰、准确、规范。每年应对当年所有的监测数据进行汇编。

符号表示和精度应符合以下要求：①水位以 m 表示，读数精确至 0.01m；②降雨量以 mm 表示，读数精确至 0.1mm；③表面变形以 mm 表示，读数精确至 0.1mm；④测压管水位以 m 表示，读数精确至 0.01m；⑤渗流压力以 kPa 表示，读数精确至 0.1kPa；⑥量水堰上水头以 mm 表示，读数精确至 1mm。

（5）监测资料整编与分析。监测资料整编范围应包括巡视检查、专项探测和常规监测等获得的资料。资料整编分析分为年度资料分析和长系列资料分析。年度资料分析每年开展 1 次，对上一年度监测资料进行技术分析；长系列资料分析应在堤防开展安全评价时，对历年监测资料进行统计、建模等技术分析。资料分析可采用比较法、特征值统计法、作图法。

1）年度资料整理分析内容包括：①观测数据可靠性评价；②观测数据特征值统计；③观测数据的历时变化趋势；④观测数据的空间分布规律。

2）长系列资料整编分析应在年度资料整理分析的基础上，增加下列内容：①监测设施和仪器的考证评价；②建立观测物理量的数学模型；③综合评估堤防当前的安全性态，提出建议和意见。

在定性、定量技术分析的基础上，对堤防当前的工作状态做出综合评估，提出指导性意见，形成监测资料分析报告。必要时应委托专业机构进行分析，对发现的异常现象需专题分析、研究。

除符合以上标准外，监测资料整编与数据分析还应符合规范《堤防工程安全监测技术规程》（SL/T 794—2020）。

1.5.2.3　养护管理

维修养护范围包括堤身结构、堤岸防护工程、防渗及排水设施、管理设施等。维修养护分为日常性维修养护和专门性维修养护。设施设备损坏或已到使用年限时，可编制工作计划或专项报告，进行更新改造。处于城市、风景区等范围内的堤防工程，维修养护除应满足工程安全外，还宜结合城市、风景区等管理要求。维修养护的项目、内容、方法和质量应符合规范《堤防工程养护修理规程》（SL 595—2013）、《水利工程维修养护技术规范》（DB36/T 1331—2020）要求。设施设备损坏或已到使用年限时，可编制工作计划或专项报告，进行更新改造。维修养护宜委托具有相应技术力量的社会化专业化服务机构承担。

（1）方案编制。专门性维修养护应编制维修养护实施方案，实施方案应报上级主管部门审批。维修养护实施方案的重大变更应报原审批部门批准。

（2）组织实施。应及时组织管理人员实施经批准的维修养护项目。委托社会化专业化服务机构承担维修养护工作时，管理单位应控制项目实施的质量和进度。影响工程安全度汛的维修养护项目，应在汛前完成；汛前无法完成的，应采取临时安全度汛措施。应及时对每一项维修养护工作情况进行记录，记录的内容包括时间、部位、缺陷描述、养护维修内容、人员和结果等。维修养护项目完工后，管理单位应及时组织自验。自验合格后报主管部门进行最终验收。

（3）白蚁危害防治。堤防工程应按照"以防为主、防治结合、因地制宜、综合治理"的原则，做好检（普）查、预防、灭治 3 项工作。在白蚁多发地区，管理单位每年应开展 2 次普查，普查时间可在每年 4—6 月和 9—10 月进行。白蚁外出活动的高峰期做到每月检查不少于 1 次，对蚁害严重的工程，要增加检查次数。发现白蚁危害后应绘制白蚁分布图，做好危害情况记录，提出应对措施，编制防护方案。白蚁灭治应采用破巢除蚁、药物诱杀、灌浆等方法进行，具体方法应符合规范《堤防工程养护修理规程》（SL 595—2013）。

1.6　堤防工程险情分类

我国堤防主要以土堤为主，砌石堤、混凝土堤防较少，本节主要介绍土堤的险情及危害。土质堤防是所有堤防类型中结构最为脆弱的一类，因此，也是最容易出险的堤防。

土质堤防在设计、施工和运行管理过程中存在很多的不确定性因素，如设计水平不高、施工条件不够、运行管理人员不多等，其运行条件复杂，因此土堤破坏类型多变，一般可分为渗透破坏、结构破坏和淹没破坏险情，具体如下：

（1）渗透破坏险情。渗透破坏险情是堤防上下游水位差增加，水头压力加大到超过了土的允许坡降，堤身、堤基薄弱处的细颗粒被水从粗颗粒之间带走，最终在土中形成与地表贯通的管道，降低了堤坝稳定性，从而出现险情。因渗透破坏而形成的险情主要有管涌、漏洞和接触渗漏，长期在高水头压力下，散浸容易形成渗透破坏。

（2）结构破坏险情。结构破坏险情是指堤防的结构发生破坏，主要是浸润线抬高、凝聚力降低、渗漏（白蚁、蛇等动物洞穴）通道、边坡陡等引起，主要险情有裂缝、滑坡、跌窝、崩岸和建筑物滑动、裂缝和管道断裂。

（3）淹没破坏险情。淹没破坏险情是指洪水水位高于堤顶高程而引起的险情，因土质堤防处于长时间浸泡的状态下，土质将变得松散，易出现溃坝，主要险情有漫坝、风浪。

第 2 章

堤 防 工 程 与 水 文 学

2.1　堤防工程特征水位

为保证及时、有效地开展堤防工程的防汛工作，堤防工程主要特征水位包括设防水位、警戒水位和保证水位等，针对不同水位采取不同的应对措施，如图 2.1-1 所示。

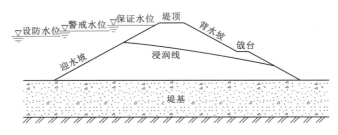

图 2.1-1　堤防结构特征示意图

2.1.1　设防水位

设防水位是指汛期河道堤防已经开始进入防汛阶段的水位。即江河洪水漫滩以后，堤防开始需要防汛人员临水巡查防守。此时堤防管理单位由日常的管理工作进入防汛阶段，开始组织人力进行巡堤查险，并对汛前准备工作进行检查落实。设防水位的确定是由防汛部门根据历史资料和实际情况确定的。

2.1.2　警戒水位

警戒水位是堤防临水到一定深度，有可能出现险情要加以警惕戒备的水位，是根据堤防质量、保护重点以及历年险情分析制定的。到达该水位时，堤防防汛进入重要时期，防汛部门要加强戒备，密切注意水情、工情、险情发展变化，在各自防守堤段或区域内增加巡堤查险次数，开始日夜巡查，并组织防汛队伍上堤防汛，做好防汛抢险人力、物力的准备。

2.1.3　保证水位

保证水位是根据防洪标准设计的堤防设计洪水位或历史上防御过的最高洪水位。当水位达到或接近保证水位时，防汛进入紧急状态，防汛部门要按照紧急防汛期的权限，采取各种必要措施，确保堤防等工程的安全，对可能出现超过保证水位的工程抢护和人员安全做好积极准备。保证水位是以堤防规划设计和河流曾经出现的最高水位为依据，考虑上下游关系、干支流关系以及保护区的重要性制定的，并经上级主管机关批准。

2.2 常规水文监测与处理

2.2.1 降水观测

降水观测是在时间和空间上所进行的降水量和降水强度的观测。测量方法包括用雨量器直接测定方法以及用天气雷达、卫星云图估算降水的间接方法。直接测定方法需设定雨量站网，站网的布设必须有一定的空间密度，并规定统一的频次和传递资料的时间，有关要求根据预期的用途来决定。

2.2.2 水位观测

水位是指河流、湖泊、水库及海洋等水体的自由水面离开固定基面的高程，以 m 计。水位与高程数值一样，要指明其所用基面才有意义。目前全国统一采用黄河基面，但各流域由于历史原因，仍有很多沿用以往使用的大沽基面、吴淞基面、珠江基面，也有使用假定基面、测站基面或冻结基面的。使用水位资料时一定要查清其基面。

水位观测是指江河、湖泊和地下水等的水位的实地测定。水位资料与人类社会生活和生产关系密切。水利工程的规划、设计、施工和管理需要水位资料。桥梁、港口、航道、给排水等工程建设也需水位资料。防汛抗旱中，水位资料更为重要，它是水文预报和水文情报的依据。水位资料，在水位流量关系的研究中以及在河流泥沙、冰情等的分析中都是重要的基本资料。

水位一般利用水尺和水位计测定。观测时间和观测次数要适应一日内水位变化的过程，要满足水文预报和水文情报的要求。在一般情况下，日测 1～2 次。有洪水、结冰、流冰、产生冰坝和有冰雪融水补给河流时，增加观测次数，使测得的结果能完整地反映水位变化的过程。

水位观测适用于地下水水位监测、河道水位监测、水库水位监测、水池水位监测等。水位观测可以监测水位动态信息，为决策提供依据。

2.2.3 流量观测

流量是指单位时间内流过江河某一横断面的水量，以 m³/s 计。它是反映水资源和江河、湖泊、水库等水体水量变化的基本数据，也是河流最重要的水文特征值。

流量观测是根据河流水情变化的特点，在水文站上用各种测流方法进行流量测验取得实测数据，经过分析、计算和整理而得的资料。

2.2.4 水位信息处理

各种水文测站测得的原始信息，都要按科学的方法和统一的格式整理、分析、统计、提炼，成为系统、完整、有一定精度的水文信息资料，供水文水资源计算、科学研究和有关国民经济部门应用。这个水文信息的加工、处理过程，称为水文信息处理（资料整编）。

水文信息处理的工作内容包括：收集校核原始信息；编制实测成果表；确定关系曲线；推求逐时、逐日值；编制逐日表及洪水水文要素摘录表；合理性检查。编制水位信息处理较简单，以下主要简要介绍对水位、水量信息处理。

2.2.4.1　降水量数据整理

一般规定审核原始记录，在自记记录的时间误差和降水量误差超过规定时，分别进行时间订正和降水量订正，有故障时进行故障期的降水量处理。统计日、月降水量，在规定期内，按月编制降水量摘录表。用自记记录整理者，在自记记录线上统计和注记按规定摘录期间的时段降水量。指导站应按月或按长期自记周期进行合理性检查，检查内容如下：

（1）对照检查指导区域内各雨量站日、月、年降水量、暴雨期的时段降水量以及不正常的记录线。

（2）同时有蒸发观测的站应与蒸发量进行对照检查。

（3）同时用雨量器与自记雨量计进行对比观测的雨量站，相互校对检查。

按月装订人工观测记录本和日记型记录纸，降水稀少季节，也可数月合并装订。长期记录纸，按每一自记周期逐日折叠，用厚纸板夹夹住，时段始末之日分别贴在厚纸板夹上。指导站负责编写降水量数据整理说明。

兼用地面雨量器（计）观测的降水量数据，应同时进行整理。资料整理必须坚持随测、随算、随整理、随分析，以便及时发现观测中的差错和不合理记录，及时进行处理、改正，并备注说明。对逐日测记仪器的记录资料，于每日 8 时观测后，随即进行前一日 8 时至当日 8 时的资料整理，月初完成上月的资料整理。对长期自记雨量计或累积雨量器的观测记录，在每次观测更换记录纸或固态存储器后，随即进行资料整理，或将固态存储器的数据进行存盘处理。

各项整理计算分析工作，必须坚持一算两校，即委托雨量站完成原始记录资料的校正，故障处理和说明，统计日、月降水量，并于每月上旬将降水量观测记录在记录纸复印或抄录备份，以免丢失，同时将原件用挂号信邮寄至指导站，由指导站进行核校、二校及合理性检查。独立完成资料整理有困难的委托雨量站，由指导站协助进行。降水量观测记录簿、记录纸及整理成果表中的各项应填写齐全，不得遗漏，不做记载的项目，一般任其空白。资料如有缺测、插补、可疑、改正、不全或合并时应加注统一规定的整编符号。各项资料必须保持表面整洁、字迹工整清晰、数据正确，如有影响降水量数据精度或其他特殊情况，应在备注栏说明。

2.2.4.2　雨量器观测记载资料的整理

有降水之日于 8 时观测完毕后，立即检查观测记载是否正确、齐全。如检查发现问题，应加注统一规定的整编符号。

计算日降水量，当某日内任一时段观测的降水量注有降水物或降水整编符号时，则该日降水量也标注相应符号。每月初统计填制上月观测记载表的月统计栏各项目。

2.2.4.3　水位观测数据整理

水位观测数据整理工作的内容包括日平均水位、月平均水位、年平均水位的计算。日平均水位的计算方法如下。

（1）若一日内水位变化缓慢，或水位变化较大但系等时距人工观测或从自记水位计上摘录，采用算术平均法计算。

（2）若一日内水位变化较大，且系不等时距观测或摘录，则采用面积包围法，即将当日 0～24h 内水位过程线所包围的面积，除以一日时间求得。

2.3　应急水文监测与处理

在发生堰塞湖、溃口（分洪）、冰凌、风暴潮、重大旱情等危害公众安全的涉水事件情况下，需要对降水量、降水强度和江河、湖泊、地下水等的水位或流量等进行应急监测。下面以破堤（溃口）为例，阐述应急水文监测的内容和方法。

2.3.1　破堤（溃口）宽度

破堤（溃口）时利用水力学公式推算流量时，一般利用口门的水头和宽度估算流量。口门宽度可以采用以下方式确定：利用口门两侧定位桩，用绳尺或塔尺等人工丈量；采用经纬仪交会法测量；采用新技术免棱镜全站仪测量；采用新技术手持激光测距仪测量。

2.3.2　水深

采用流速仪法、水面浮标法、测流无人机测流时需要测量断面水深。断面水深可以采取以下方式确定：利用测深杆测量；利用测深锤测量；采用新技术回声测深仪施测。

2.3.3　水位

水位可以采取以下方式确定：打桩、利用树木或固定建筑物设置临时水尺，引测高程，人工观测；利用临近水文测站水位设施或防洪、水资源管理专用站点的水位资料；特殊情况下，可将免棱镜全站仪架设高处稳固后直接测定；采用新技术便携式水情仪架设高处稳固后实时采集。

2.3.4　流量

破堤（溃口）后短时间内堤内外水位差、流速等较大，无法在口门上架设过河索等渡河设施，船只等无法定位，无法测得口门大断面。采用溃坝公式、浮标法、电波流速仪、测流无人机等均需估计口门底高程，计算过流断面面积测报流量。分洪（溃口）流量测验，可以采用公式法、浮标法、电波流速仪、测流无人机、走航式声学多普勒测流仪（ADCP）等获取，也可在分洪（溃口）处主河道上、下游便于施测位置各设一处断面，采用走航式声学多普勒剖面流速仪法或流速仪法施测主河道流量，通过水量平衡原理推求。

2.3.5　测验方法分析评估

（1）利用绳尺或塔尺等工具人工丈量口门宽度或用经纬仪交会法测量口门时宽度结果不精确且人员需接近口门，有一定的安全隐患，而采用免棱镜全站仪或手持激光测距仪测量口门宽度准确、快捷、安全。

（2）利用测深杆或测深锤测量水深在高洪时精度较差，而采用新回声测深仪测量方便、快捷、精度高。

（3）设临时水尺人工观读水位费时费力、人员不安全，采用免棱镜全站仪也仅适用于临时观测，而采用便携式水情仪能够实时采集报送水位信息。

（4）采用流速仪法测量流量在高洪时耗时费力且往往受断面因素影响，适应性差。

（5）采用浮标法结合过流断面资料及浮标系数来推求流量，误差较大，如无断面资料则不可使用。

（6）采用水力学公式法推算流量，误差大。

（7）电波流速仪、测流无人机均为测验新设备，采用非接触式水面流速测量时，需要借用断面，误差较大，如无断面资料则不可使用，但该方法在应急流量测验中有较多的应用。

（8）走航式声学多普勒测流仪（ADCP）为测验新设备，通过超声波扫描技术一次能同时测出河床的断面水深、流速和流量。与传统的流速仪测量相比，ADCP 并不像传统流速仪那样要求测流断面垂直于河岸线，测船航行的轨迹可以是斜线或者是曲线。该方法具有测验时间短、测速范围大等优点，提高了测验的精度。

流量测验方法优选次序一般为：优先采用电波流速仪、走航式声学多普勒测流仪（ADCP）施测流量；施测流量困难时可使用电波流速仪法或水面浮标法施测流量；极端困难条件下可采用中泓浮标或测流无人机施测流量；特殊条件下无法实测流量时采用水工建筑物与堰槽测流方法推求流量。

2.3.6　应急监测数据处理

（1）水文应急监测应按应急监测要求分项目进行数据整理，检查内外业成果的合理性、一致性。

（2）应急监测成果整理与提交的基本要求为：①应实时分析计算并整理监测成果，按要求提交至应急处置机构；②不同监测项目和测次所采用的技术标准、引用成果、控制系统、名词术语、符号、计量单位均应协调一致；③水文应急监测成果应按照《水文资料整编规范》（SL/T 247—2020）的相关要求进行合理性分析，确保成果质量可靠。

（3）为提高分析的时效性，可按要求先提交监测资料中间成果，后续再进行加工完善，在满足需求的前提下可适当放宽精度要求。

（4）水文应急监测应进行全过程质量管理，并应满足下列要求：①监测过程的技术指导；②监测数据的质量分析；③监测成果的专家会商。

（5）外业结束后应及时进行分析总结，提交相关技术报告，报告应包括下列内容：①项目概述；②项目组织；③资源配置（人、财、物）；④技术方案；⑤项目实施情况；⑥安全保障机制；⑦成果合理性分析；⑧实施效果（结论、效益、主要经验、存在的问题和建议）；⑨附表、附图；⑩预案。

（6）水文应急监测外业原始测量数据不应随意修改，应及时处理、存储和备份。

（7）水文应急测量的仪器设备的法定检定资料（复印件）、规范所要求的相关作业检验资料（原件）应整理齐全后装订成册。

（8）水文应急监测的所有资料都应及时进行整理与归档。

2.4　流域产流与汇流计算

为定量阐述由降雨形成流域出口断面径流的过程，将其概化为产流和汇流 2 个阶段。产流阶段是指降雨经植物截留、填洼、下渗的损失过程，降雨扣除这些损失后，剩余的部分称为净雨，净雨在数量上等于它所形成的径流量，净雨量的计算称为产流计算。汇流阶段是指净雨沿地面和地下汇入河网，并经河网汇集形成流域出口断面流量的过程。由净雨推求流域出口断面流量过程称为汇流计算。

2.4.1　流域平均雨量计算

实测雨量只代表雨量站所在地的点雨量，分析流域降雨径流关系需要考虑全流域平均雨量。一个流域一般会有若干个雨量站，由各站的点雨量可以推求流域平均降雨量，常用的方法有算术平均法、垂直平分法和等雨量线法。

（1）算术平均法。当流域内雨量站分布较均匀且地形起伏变化不大时，可根据各站同时段观测的降雨量用算术平均法推求流域平均降雨量。

$$\overline{P} = \frac{1}{n}\sum_{i=1}^{n} P_i \qquad (2.4-1)$$

式中：$\overline{P}$ 为流域某时段平均降雨量，mm；P_i 为流域内第 i 个雨量站同时段降雨量，mm；n 为流域内雨量站点数。

（2）垂直平分法。也称为泰森多边形法，适用于地形起伏变化不大的流域，这是假定流域内各处的雨量可由与之距离最近站点的雨量代表。具体做法是先用直线连接相邻雨量站，构成 $n-2$ 个三角形（最好是锐角三角形），再作每个三角形各边的垂直平分线，将流域划分成 n 个多边形，每一多边形内均含有一个雨量站，以多边形面积为权重推求流域平均降雨量。

$$\overline{P} = \frac{1}{F}\sum_{i=1}^{n} f_i P_i \qquad (2.4-2)$$

式中：f_i 为第 i 个雨量站所在多边形的面积，km^2；F 为流域面积 km^2；n 为多边形数 i。

（3）等雨量线法。当流域内雨量站分布较密时，可根据各站同时段雨量绘制等雨量线，然后推算流域平均降雨量。

$$\overline{P} = \sum_{j=1}^{m} \frac{f_j}{F} P_j \qquad (2.4-3)$$

式中：f_j 为相邻两条等雨量线间的面积，km^2；P_j 为相应面积 f_j 上的平均雨深，一般采用相邻两条等雨量线的平均值，mm；m 为分块面积数。

2.4.2　径流量计算

流域出口流量过程线除本次降雨形成的径流外，还包括前期降雨径流尚未退完的水量，在计算本次径流时，需要将其从流量过程线中分割出去。

实测流量过程线割去非本次降雨形成的径流后，可以得出本次降雨形成的流量过程线，据此，可推算出相应的径流深。

$$R = \frac{3.6 \sum_{i=1}^{n} Q_i \Delta t}{F} \tag{2.4-4}$$

式中：R 为径流深，mm；Δt 为时段长度，h；Q_i 为第 i 时段末的流量值，m^3/s；F 为流域面积，km^2。

2.4.3　土壤含水量计算

2.4.3.1　流域土壤含水量的计算

降雨开始时，流域内包气带土壤含水量的大小是影响降雨形成径流过程的一个重要因素，在同等降雨条件下，土壤含水量大则产生的径流量大；反之则小。

流域土壤含水量一般是根据流域前期降雨、蒸发及径流过程，依据水量平衡原理采用递推公式推求。

$$W_{t+1} = W_t + P_t - E_t - R_t \tag{2.4-5}$$

式中：W_t 为第 t 时段初始时刻土壤含水量，mm；P_t 为第 t 时段降雨量，mm；E 为第 t 时段蒸发量，mm；R 为第 t 时段产流量，mm。

流域土壤含水量的上限称为流域蓄水容量 W_m，由于雨量、蒸发量及流量的观测与计算误差，采用式（2.4-5）计算出的流域土壤含水量有可能出现大于 W_m 或小于 0 的情况，这是不合理的，因此还需附加一个限制条件：$0 \leqslant W \leqslant W_m$。

采用式（2.4-5）需确定合适的起始时刻及相应土壤含水量。可以选择前期流域出现大暴雨的次日作为起始日，相应的土壤含水量为 W_m；或选择流域长时间干旱期作为起始日，相应的土壤含水量取为 0 或较小值；也可以提前较长时间（如 15～30d）作为起始日，假定一个土壤含水量（如取 W_m 值的一半）作为初值，经过较长时间计算后，误差会减小到允许的程度。

2.4.3.2　流域蒸发量计算

流域蒸发量的大小主要决定于气象要素及土壤湿度，可以用流域蒸发能力和土壤含水量来表征。流域蒸发能力是在当日气象条件下流域蒸发量的上限，一般无法通过观测途径直接获得，可以根据当日水面蒸发观测值通过折算间接获得。

$$E_m = \beta E_0 \tag{2.4-6}$$

式中：E_m 为流域蒸发能力；E_0 为水面蒸发观测值；β 为折算系数。

2.4.3.3　前期影响雨量

在很多情况下，采用式（2.4-5）推求土壤含水量时，会遇到径流资料缺乏的问题。在生产实际中常采用前期影响雨量 P_a 来替代土壤含水量，计算公式为

$$P_{a,t+1} = K(P_a + P_t) \tag{2.4-7}$$

式（2.4-7）的限制条件为 $P_a \leqslant W_m$，即计算出的 $P_a > W_m$ 时取 $P_a = W_m$；K 是与流域蒸发量有关的土壤含水量日消退系数。

2.4.4　流域产流计算

降雨的净雨在数量上等于它所形成的径流量，也称为产流量，产流量以 mm 计，由

于各流域所处的地理位置不同和各次降雨特性的差异，产流情况相当复杂。产流计算方法因产流方式不同而异，分别有蓄满产流方式和超渗产流方式。

2.4.4.1 蓄满产流计算

当流域发生大雨后，土壤含水量达到流域蓄水容量，降雨损失等于流域蓄水容量减去初始土壤含水量，降雨量扣除损失量即为径流量。这种产流方式称为蓄满产流，方程式表达如下：

$$R = P - (W_m - W_0) \qquad (2.4-8)$$

但是，式（2.4-8）只适用于包气带各点蓄水容量相同的流域，或用于雨后全流域蓄满的情况。在实际情况下，流域内各处包气带厚度和性质不同，蓄水容量是有差别的，在一次降雨过程中，当全流域未蓄满之前，流域部分面积包气带的缺水量已经得到满足并开始产生径流，称为部分产流。随降雨继续，蓄满产流面积逐渐增加，最后达到全流域蓄满产流，称为全面产流。

在湿润地区，一次洪水的径流深主要是与本次降雨量、降雨开始时的土壤含水量密切相关。因此，可以根据流域历次降雨量、径流深、雨前土壤含水量，按蓄满产流模式进行分析，建立流域降雨与径流之间的定量关系，解决部分产流计算的问题。

2.4.4.2 降雨径流相关法

通过流域多次实测降雨量 P（雨期蒸发量可直接从雨量中扣除）、径流深 R、雨前土壤含水量 W_0，建立以 W_0 为中间变量建立 $P-W_0-R$ 关系图，即流域-降雨-径流相关图，如图 2.4-1 所示。

根据降雨-径流相关图、土壤含水量计算模式及相应参数构成的流域产流方案，先由流域前期实测降雨、蒸发、径流资料推求本次雨前土壤含水量 W_0，然后由本次降雨的时段雨量过程，由图 2.4-2 得出降雨径流相关图上相应于 W_0 的关系曲线，便可推求得本次降雨所形成的径流总量及逐时段径流深。

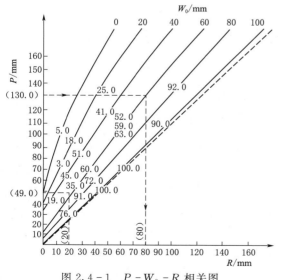

图 2.4-1 $P-W_0-R$ 相关图

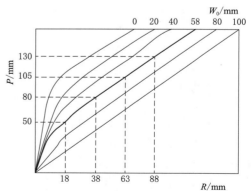

图 2.4-2 由 $P-W_0-R$ 相关图查看
相关时段径流深

2.4.4.3 流域蓄水容量计算

流域部分产流的现象主要是因为流域各处蓄水容量不同所致。如果将流域内各蓄水容量 W_m' 从小到大排列，最大值为 W_{mm}'，计算不大于某一 W_m' 的面积占流域面积的比 a，则可绘出 $W_m' - a$ 关系曲线，称之为流域水容量曲线，如图 2.4-3 所示。

由于流域蓄水容量在流域内的实际分布是很复杂的，要想用直接测定的办法来建立蓄水容量曲线是困难的。通常的做法是通过实测的降雨径流资料来选配线型，间接确定蓄水容量曲线。多数地区经验表明，流域蓄水容量曲线是一条单增曲线，可用 B 次抛物线表示为

$$\alpha = 1 - \left(1 - \frac{W_m'}{W_{mm}'}\right)^B \tag{2.4-9}$$

式中：B 为反映流域内蓄水容量空间分布不均匀性的参数，取值一般为 $0.2 \sim 0.4$；W_{mm}' 为流域内最大的点蓄水容量。

蓄水容量曲线以下包围的面积（见图 2.4-3）就是流域蓄水容量：

$$W_m = \int_0^{W_{mm}'} (1 - \alpha) \mathrm{d}W' = \int_0^{W_{mm}'} \left(1 - \frac{W_m'}{W_{mm}'}\right)^B \mathrm{d}W' = \frac{W_{mm}'}{1 + B} \tag{2.4-10}$$

2.4.4.4 超渗产流计算

当降雨强度大于下渗强度时会产生地面径流，这种产流方式称为超渗产流。在超渗产流地区，影响产流过程的关键是土壤下渗率的变化规律，这可用下渗能力曲线来表示（图 2.4-4），下渗能力曲线是从土壤完全干燥开始，反映在充分供水条件下的土壤下渗能力过程。

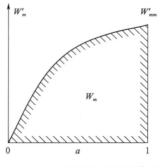

图 2.4-3 流域蓄水容量曲线

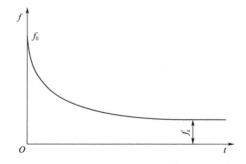

图 2.4-4 下渗能力曲线

土壤下渗过程大体可分为初渗、不稳定下渗和稳定下渗 3 个阶段。在初渗阶段，下渗水分主要在土壤分子力的作用下被土壤吸收，表层土壤比较疏松，下渗率很大；随着下渗水量增加，进入不稳定下渗阶段，下渗水分主要受毛管力和重力的作用，下渗率随着土壤含水量的增加而减小；随着下渗水量的锋面向土壤下层延伸，土壤密度变大，下渗率随之递减并趋于稳定，也称为稳定下渗率。

计算超渗产流一般用下渗曲线法和初损后损法。

（1）下渗曲线法。按照超渗产流模式，判别降雨是否产流的标准是雨强 i 是否超过下渗强度。因此用实测的雨强过程 $i - t$ 扣除实际下渗过程 $f - t$，就可得产流量过程 $R - t$，

如图 2.4 – 5 中阴影部分，这种产流计算方法称为下渗曲线法。

在实际降雨径流过程中，流域初始土壤含水量一般不等于 0，降雨强度并非持续大于下渗强度，不能直接采用流域下渗能力曲线推求各时段的实际下渗率。如果将下渗能力曲线转换为下渗能力与土壤含水量的关系曲线，就可以通过土壤含水量推求各时段下渗强度。

根据流域径流形成过程，流域下渗能力曲线常用霍顿下渗公式来表达，即

$$f(t) = (f_0 - f_c)e^{\beta t} + f_c \tag{2.4-11}$$

根据霍顿下渗公式可以推求累积下渗量曲线：

$$F(t) = \int_0^t f(t)dt = f_c t + \frac{1}{\beta}(f_0 - f_c) - \frac{1}{\beta}(f_0 - f_c)e^{-\beta t} \tag{2.4-12}$$

$F(t)$ 为累积下渗量，这部分水量完全被包气带土壤吸收，也就是 t 时刻流域的土壤含水量，因此有

$$W(t) = f_c t + \frac{1}{\beta}(f_0 - f_c) - \frac{1}{\beta}(f_0 - f_c)e^{-\beta t} \tag{2.4-13}$$

连立求解式（2.4 – 12）和式（2.4 – 13），可以得出下渗强度与土壤含水量关系曲线 $f - W$（图 2.4 – 6），该曲线反映了土壤含水量变化对下渗强度的影响。

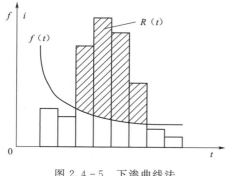

图 2.4 – 5　下渗曲线法

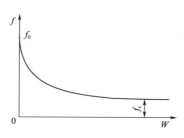

图 2.4 – 6　$f - W$ 关系曲线图

根据雨前土壤含水量 W_0，就可以由降雨过程采用 $f - W$ 关系曲线逐时段进行产流计算，步骤如下。

1）从降雨第一时段起，由时段初始土含水量 W_k 查 $f - W$ 曲线，得到相应的下渗率 f_k，如果时段不长，可以近似代表时段平均下渗率。

2）根据 f_k 及时段雨强 i_k，按超渗产流模式计算净雨量 h_k，计算公式为

$$h = \begin{cases} (i-f)\Delta t & i \geqslant f \\ 0 & i < f \end{cases} \tag{2.4-14}$$

3）根据水量平衡，计算下时段初始土壤含水量：

$$W_{k+1} = W_k + P_k + h_k \tag{2.4-15}$$

4）重复步骤 1）～步骤 3）就可以由降雨过程计算出逐时段的产流量。

（2）初损后损法。为解决下渗曲线资料收集困难或数据难以获得的困难，将下渗曲线法简化，把实际的下渗过程简化为初损和后损两个阶段，产流以前的总损失水量称为初

损，以流域平均水深表示；后损主要是流域产流以后的下渗损失，以平均下渗率表示，这样，一次降雨所形成的径流深为

$$R = P - I_0 - \overline{f} t_R - P_0 \tag{2.4-16}$$

式中：P 为次降雨量，mm；I_0 为初损，mm；$\overline{f}$ 为平均后渗率，mm/h；t_R 为产流历时，h；P_0 为降雨后期不产流的雨量，mm。

对于小流域，由于汇流时间短，出口断面的起涨点大体可以作为产流开始时刻，起涨点以前雨量的累积值可作为初损的近似值，如图 2.4-7 所示。对较大的流域，流域各处至出口断面的汇流时间差别较大，可根据雨量站位置分析汇流时间并定出产流开始时刻，取各雨量站产流开始之前累积雨量的平均值，作为该次降雨的初损。

各次降雨的初损是不同的，初损与初期降雨强度、初始土壤含水量具有密切关系。利用多次实测雨洪资料，分析各场洪水的 I_0 及相应的流域初始土壤含水量 W_0（或 P_a），初损期的平均降雨强度 $\overline{i}_0$，可以建立 W_0-$\overline{i}_0$-I_0 相关图，如图 2.4-8 所示。由于植被和土地利用具有季节性变化特点，初损还受到季节的影响，也可以建立如图 2.4-9 所示的以月份 M 为参数的 W_0-M-I_0 关系曲线图。

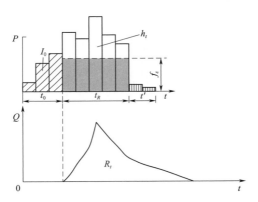

图 2.4-7　初损后损法推求产流量示意图　　图 2.4-8　W_0-$\overline{i}_0$-I_0 关系曲线图

根据式（2.4-16）和图 2.4-7，可以推得平均后损率为

$$\overline{f} = \frac{P - R - I_0 - P_0}{t_R} = \frac{P - R - I_0 - P_0}{t - t_0 - t'} \tag{2.4-17}$$

式中：t 为降雨总历时，h；t_0 为初损历时，h；t' 上为后期不产流的降雨历时，h。

平均后损率 $\overline{f}$ 反映了流域产流以后平均下渗率，主要与产流期土壤含水量有关。产流开始时的土壤含水量应该等于 $W_0 + I_0$；产流历时 t_R 越长则下渗水量越多，产流期土壤含水量也越大。由于初损量与初损期平均雨强 $\overline{i}_0$ 有关，可以建立 $\overline{f}$-$\overline{i}_0$-t_R 相关图。在一些流域，$W_0 + I_0$ 相对比较稳定，$\overline{f}$ 与 t_R 更为密切，也可建立 $\overline{f}$-t_R 相关图。

2.4.5　流域汇流计算

2.4.5.1　等流时线法

流域各点的净雨到达出口断面所经历的时间，称为汇流时间；流域上最远点的净雨到

达出口断面的汇流时间称为流域汇流时间。流域上汇流时间相同点的连线，称为等流时线，两条相邻等流时线之间的面积称为等流时面积，如图 2.4 - 10 所示，图中，$\Delta\tau$，$2\Delta\tau$，…为等流时线汇流时间，相应的等流时面积为 f_1，f_2，…。

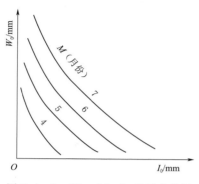

图 2.4 - 9 $W_0 - M - I_0$ 关系曲线图

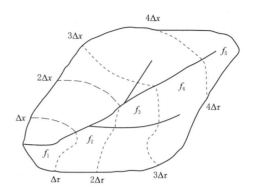

图 2.4 - 10 流域等汇流时间

取 $\Delta t = \Delta\tau$，根据等流时线的概念降落在流域面上的时段净雨，按各等流时面积汇流时间顺序依次流出流域出口断面，计算公式为

$$q_{i,i+j-1} = 0.278 r_i f_j \quad j = 1, 2, \cdots, n \qquad (2.4 - 18)$$

式中：r_i 为第时段净雨强度（$h/\Delta t$），mm/h；f_j 为汇流时间 $(j-1)\Delta t$ 和 $j\Delta t$ 2 条等流时线之间的面积，km^2；$q_{i,i+j-1}$ 为 f_i 在上的 r_i 形成的 $i+j-1$ 时段末出口断面流量，m^3/s。

假定各时段净雨所形成的流量在汇流过程中相互没有干扰，出口断面的流量过程是降落在各等流时面积上的净雨按先后次序出流叠加而成的，则第 k 时段末出口断面流量为

$$Q_k = \sum_{i=1}^{n} q_{i,k} = 0.278 \sum_{i+j-1=k} r_i f_j \qquad (2.4 - 19)$$

等流时线法适用于流域地面径流的汇流计算。

2.4.5.2 时段单位线法

单位时段内在流域上均匀分布的单位净雨量所形成的出口断面流量过程线，称为单位线，如图 2.4 - 11 所示。单位净雨量一般取 10mm；单位时段 Δt 可根据需要取 1h、3h、6h、12h、24h 等，应视流域面积、汇流特性和计算精度确定。为区别于用数学方程式表示的瞬时单位线，通常把上述定义的单位线称为时段单位线。单位线法是流域汇流计算最常用的方法之一。

由于实际净雨未必正好是一个单位量或一个时段，在分析或使用单位线时需依据两项基本假定。

（1）倍比假定。如果单位时段内的净雨是单位净雨的 k 倍，所形成的流量过程线也是单位线纵标的 k 倍。

（2）叠加假定。如果净雨历时是 m 个时段所形成的流量过程线等于各时段净雨形成的部分流量过程错开时段的叠加值。

单位线法主要适用于流域地面径流的汇流计算，可以作为地面径流汇流方案的主体。

如果已经得出在流域上分布基本均匀的地面净雨过程，就可利用单位线，推求流域出口断面地面径流过程线。

2.4.5.3　瞬时单位线法

瞬时单位线是指在无穷小历时的瞬间，输入总水量为 1 且在流域上分布均匀的单位净雨所形成的流域出流过程线，以数学方程 $u(0, t)$ 来表示，如图 2.4-12 所示。

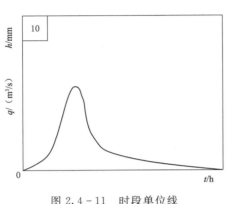

图 2.4-11　时段单位线　　　　　　　　图 2.4-12　瞬时单位线

根据水量平衡原理，输出的水量为 1，即瞬时单位线和时间轴所包围的面积应等于 1，即

$$\int_0^\infty u(0,t)\mathrm{d}t = 1 \qquad (2.4-20)$$

纳什（J. E. Nash）1957 年提出一个假设，即流域对地面净雨的调蓄作用，可用串联的线性水库的调节作用来模拟，由此推导出纳什瞬时单位线的数学方程式：

$$u(0,t) = \frac{1}{K\Gamma(n)}\left(\frac{t}{K}\right)^{n-1}\mathrm{e}^{-t/K} \qquad (2.4-21)$$

式中：n 为线性水库的个数；K 为线性水库的蓄量常数。

纳什用 n 个串联的线性水库模拟流域的调蓄作用只是一种概念，与实际是有差别的，但导出的瞬时单位线的数学方程式具有实用意义，得到广泛的应用。在实用中纳什瞬时单位线的 n 和 K 并非原有的物理含义，而是起着汇流参数的作用，n 的值也可以不是整数。n、K 对瞬时单位线形状的影响是相似的，当 n、K 减小时，$u(0,t)$ 的峰值增高，峰现时间提前；而当 n、K 增大时，$u(0,t)$ 的峰值降低，峰现时间推后。

瞬时单位线的优点是采用数学方程表达，易于采用计算机编程计算，并且便于对参数进行分析和地区综合，较为适合于中小流域地面径流的汇流计算。

2.4.5.4　线性水库法

线性水库是指水库的蓄水量与出流量之间的关系为线性函数。根据众多资料的分析表明，流域地下水的储水结构近似为一个线性水库，下渗的净雨量为其入流量，经地下水库调节后得出地下径流的出流量。地下水线性水库满足蓄泄方程与水量平衡方程：

$$\left.\begin{array}{l}\overline{I}_g - \dfrac{Q_{g1}-Q_{g2}}{2} = \dfrac{W_{g2}-W_{g1}}{\Delta t} \\[2mm] W_g = K_g Q_g\end{array}\right\} \qquad (2.4-22)$$

式中：$\overline{I_g}$ 为地下水库时段平均入流量，m^3/s；Q_{g1}，Q_{g2} 为时段初、末地下径流的出流量，m^3/s；W_{g1}，W_{g2} 为时段初、末地下水库蓄量，m^3；K_g 为地下水库蓄量常数，s；Δt 为计算时段，s。

2.4.5.5 河道汇流计算

在无区间入流的情况下，河段流量演算满足

$$\frac{1}{2}(Q_{上,1}+Q_{上,2})\Delta t - \frac{1}{2}(Q_{下,1}+Q_{下,2})\Delta t = S_2 - S_1 \qquad (2.4-23)$$

$$S = f(Q) \qquad (2.4-24)$$

式中：$Q_{上,1}+Q_{上,2}$ 为时段初、末上断面的入流量，m^3/s；$Q_{下,1}$，$Q_{下,2}$ 为时段初、末下断面的出流量 m^3/s；Δt 为计算时段，s；S_1、S_2 为时段初、末河段蓄水量，m^3。

2.4.6 洪水预报

根据洪水形成和运动的规律，利用过去和实时水文气象资料，对未来一定时段的洪水发展情况的预测，称为洪水预报。洪水预报的对象一般是江河、湖泊及水工程控制断面的洪水要素，包括洪峰流量（水位）、洪峰出现时间、洪量（径流量）和洪水过程等。

洪水预报按预见期的长短，可分为短、中、长期预报。通常把预见期在 2d 以内的称为短期预报；预见期在 3～10d 以内的称为中期预报；预见期在 10d 以上一年以内的称为长期预报。对径流预报而言，预见期超过流域最大汇流时间即作为中长期预报。

洪水预报按照预报方法可分为两大类：一类是河道洪水预报，如相应水位（流量）法。天然河道中的洪水，以洪水波形态沿河道自上游向下游运动，各项洪水要素（洪水位和洪水流量）先在河道上游断面出现，然后依次在下游断面出现。因此，可利用河道中洪水波的运动规律，由上游断面的洪水位和洪水流量，来预报下游的运动规律，由上游断面的洪水位和洪水流量来预报下游断面的洪水位和洪水流量，这就是相应水位（流量）法。另一类是流域降雨径流（包括流域模型）法，依据降雨形成径流的原理，直接从实时降雨预报流域出口断面的洪水总量和洪水过程。

短期洪水预报包括降雨径流预报、河段洪水预报以及考虑实时修正的实时洪水预报。降雨径流预报是按降雨径流形成过程的原理，利用流域内的降雨资料预报出流域出口断面的洪水过程。河段洪水预报是以河槽洪水波运动理论为基础，由河道上游断面的水位、流量过程预报下游断面的水位和流量过程。实时洪水预报指的是对将发生的未来洪水在实际时间进行预报，就目前预报方法而言，实际时间就是观测降雨即时进入数据库的时间。

短期洪水预报方法主要有河道相应水位法、河道流量演算法、降雨径流预报法。

2.4.6.1 数据站点选择

为洪水预报提供水情信息的水文站、水位站、雨量站（气象站）和专用站统称水情站。水情站可分为常年水情站、汛期水情站、辅助水情站 3 类。

（1）水文站是观测及搜集河流、湖泊、水库等水体的水文、气象资料的基层水文机构。水文站观测的水文要素包括水位、流速、流向、波浪、含沙量、水温、冰情、地下水、水质等；气象要素包括降水量、蒸发量、气温、湿度、气压和风等。

（2）水位站是对河流、湖泊或水库等水体的水位进行观测的水文测站，是防汛和水工程管理的主要依据。

（3）雨量站是观测降水量的测站，能有效地监测暴雨和持续降水，分布在不同区域上，主要用于防汛和降水量时空变化的研究。

2.4.6.2　降雨径流预报

（1）预见期的确定。短期洪水预报都是把实测的降雨作为输入（已知条件）来预报未来洪水，所以其预见期是指洪水的平均汇流时间。在实际工作中具体确定预见期的方法如下：对于源头流域可把主要降雨结束到预报断面洪峰出现这个时间差作为洪水预见期。而区间流域洪水预报或河段洪水预报，当区间来水对预报断面洪峰影响不大时，洪水预见期就等于上下游断面间水流的传播时间，如果暴雨中心集中在区间（上断面没有形成有影响的洪水）流域，那么预见期就接近于区间洪水主要降雨结束到下游预报断面洪峰出现这个时差；假如降雨空间分布较均匀，上断面和区间都形成了有影响的洪水，则情况就复杂些，其预见期通常取河段传播时间和区间流域水流平均汇集时间的最小值。

一个特定流域，洪水预见期是客观存在的，是反映流域对水流调蓄作用的特征量，表达水质点的平均滞时，其大小与流域面积、流域形状、流域坡度、河网分布等地貌特征及降雨、洪水等水文气候特征有关，不同特征的洪水有不同的预见期。对于不同的洪水，由于降雨强度、降雨时空分布、暴雨中心位置与走向及水流的运动速度都是变化的，因此每一场洪水的预见期是不同的。例如，暴雨中心在上游预见期就会长些，暴雨中心在下游预见期就会短些。另外，暴雨强度和降雨的时间组合，也在一定程度上会影响预见期。对于不同的流域，地形、地貌特征都会影响预见期。这主要包括流域面积、坡度、坡长、河网密度、地表粗糙度和流域形状等。

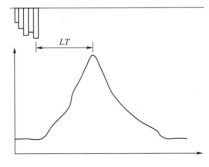

图 2.4-13　预见期确定

预见期可据历史洪水资料来分析确定。对于一场洪水的预见期，可据实测的流域平均降雨和流量过程确定，如图 2.4-13 所示，LT 为预见期，对于流域的一系列历史洪水，可得一组预见期，如果这不同的洪水预见期变化不大，可简单地取其平均即可；如果差别较大，需建立预见期与影响因子（如暴雨中心位置、雨强、降雨时间分布等）之间的关系。

（2）降雨径流计算。降雨径流预报是利用流域降雨量经过产流计算和汇流计算，预报出流域出口断面的径流过程。计算步骤通常分为以下 4 步。

1）蒸散发计算。蒸发对于我国绝大多数流域可采用 3 层蒸发模型。有些南方湿润地区流域，第三层蒸发作用不大，可简化为 2 层；蒸发折算系数可为常数，也可为变数，在南方湿润地区，通常只考虑汛期和枯季的差异即可，而在高寒地区，还要考虑冬季封冻带来的差异。因此蒸发折算系数的季节变化要视具体流域的蒸发特征而定。

2）产流计算。产流主要据流域的气候特征，湿润地区选择蓄满产流，干旱地区选择超渗产流。另外如果流域地处高寒地区，产流结构中应考虑冰川积雪的融化、冬季的流域封冻等；如果流域内岩石、裂隙发育，喀斯特溶洞广布或在地下河的不封闭流域，产流要采用相应的特殊结构；还有一些人类活动作用强烈的流域，也应该具体分析选用合适的产流结构。例如，流域内中小水库或水土保持措施作用大时，应考虑这些水利工程对水流的拦截作用等。

3）水源划分。考虑到坡地汇流阶段各种水源成分汇流特性不一样，采用的计算方法也不同，所以在汇流计算之前进行水源划分。常用的计算方法是通过稳定下渗率、下渗曲线等，将地下水源从总水源中划分出来。

4）流域汇流计算。流域汇流计算可分为坡地汇流计算和河网汇流计算。

2.6.4.3 河段洪水预报

河段洪水预报是根据河段洪水波运行和变形规律，利用河段上断面的实测水位（流量），预报河段下断面未来水位（流量）的方法。这里主要介绍河段洪水演算的相应水位（流量）法和合成流量法。

（1）相应水位（流量）法。相应水位是指河段上、下游站同位相的水位。相应水位（流量）预报，简要地说就是用某时刻上游站的水位（流量）预报一定时间（如传播时间）后下游站的水位（流量）。在天然河道里，当外界条件不变时，水位的变化总是由流量的变化所引起的，相应水位的实质是相应流量，所以研究河道水位的变化规律，就应当研究河道中形成这个水位的流量的变化规律。

设在某一不太长的河段中，上、下游站间距为 l，t 时刻上游站流量为 $Q_{u,\tau}$，经过传播时间 τ 后，下游站流量为 $Q_{l,t+\tau}$，若无旁侧入流，上、下游站相应流量的关系为

$$Q_{l,t+\tau}=Q_{u,\tau}-\Delta Q \tag{2.4-25}$$

对于区间来水比例不大、河槽稳定的河段，若没有回水顶托等外界因素影响，那么影响洪水波传播的因素较单纯，上、下游站相应水位过程起伏变化较一致，则在上、下游站的水位（流量）过程线上，常常容易找到相应的特征点：峰、谷和涨落洪段的反曲点等，如图 2.4-14 所示。利用这些相应特征点的水位（流量）即可制作预报曲线图。

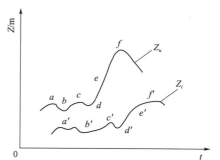

图 2.4-14　某河段上、下游
站相应水位过程线
Z_u—上游站水位过程线；
Z_i—下游站水位过程线

在一些陡涨陡落的山区性河流，如果其洪峰传播时间 τ 大于下游站的涨洪历时 t_r，则上游站出现洪峰时，下游站还未起涨，以下游站同时水位作为参数就不能反映水面比降的影响，这时可采用次涨差法预报下游站洪峰水位 $Z_{p,l,t}$。如图 2.4-15 所示，一次洪水的涨差 $\Delta Z=Z_p-Z_0$。（Z_p、Z_0 为同次洪水的洪峰水位和起涨水位），可建立上、下游站次涨差的关系：

$$\Delta Z_l=f(\Delta Z_u) \tag{2.4-26}$$

有支流河段的洪峰水位预报，通常取影响较大的支流相应水位（流量）为参数建立上、下游站洪峰水位关系曲线，其通式为

$$Z_{p,l,t}=f(Z_{p,u,t-\tau},Z_{1,t-\tau_1}) \tag{2.4-27}$$

式中：$Z_{p,l,t}$ 为 t 时下游站洪峰水位；$Z_{p,u,t-\tau}$ 为 $t-\tau$ 时刻上游站洪峰水位；$Z_{1,t-\tau_1}$ 为 $t-\tau_1$ 时刻支流站的相应水位；τ_1 为支流站水位所需传播时间。

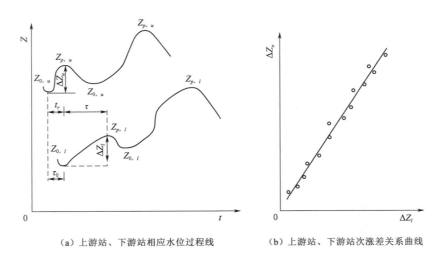

（a）上游站、下游站相应水位过程线 （b）上游站、下游站次涨差关系曲线

图 2.4-15　上、下游站次涨差关系曲线示意图

当有两条支流汇集时，可建立以两条支流相应水位为参数的关系曲线，如图 2.4-16 所示，其关系通式为

$$Z_{p,l,t} = f(Z_{p,u,t-\tau}, Z_{1,t-\tau_1} - Z_{2,t-\tau_2}) \tag{2.4-28}$$

式中：τ、τ_1、τ_2 为衢县、淳安和金华到芦茨埠的传播时间。

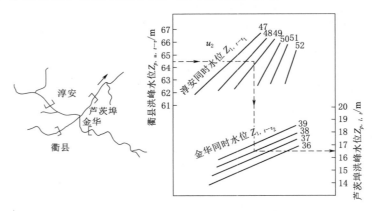

图 2.4-16　衢县芦茨埠洪峰水位关系曲线

（2）合成流量法。在有支流河段，若支流来水量大，干、支流洪水之间干扰影响不可忽略，此时，用相应水位法常难取得满意结果，可采用合成流量法。由河段的相应流量概念和洪水波运动的变形可知，下游站的流量为

$$Q_t = \sum_{i=1}^{n}[(1+\alpha_i)I_i, t-\tau_i - \Delta Q_i] \tag{2.4-29}$$

式中：α_i 是各干、支流的区间来水系数；τ_i 是各干、支流河段的流量传播时间；ΔQ_i 是各传播流量的变形量；n 是干、支流河段数。

若令各 α_i 相等，ΔQ_i 是 I_i 的函数，则式（2.4-29）为

$$Q_t = f\left(\sum_{i=1}^{n} I_{i,t-\tau_i}\right) \quad (2.4-30)$$

式中：$\sum_{i=1}^{n} I_{i,\,t-\tau_i}$ 是同时流达下游断面的各上游站相应流量之和，称为合成流量。以式（2.4－30）为根据建立预报方案称为合成流量法。图 2.4－17 是长江上游干流寸滩站、支流乌江武隆站至长江干流清溪场站的有支流河段预报曲线。

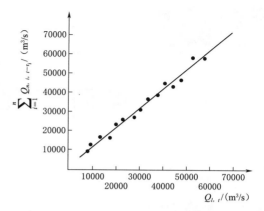

图 2.4－17　长江寸滩—清溪场河段合成流量预报图

合成流量法的关键是 τ 值的确定。由于上游来水量大小不同，干、支流涨水不同步，使干、支流洪水波相遇后相互干扰，部分水量被滞留于河槽中，直到总退水时才下泄到下游河道，因而下游站的洪水过程线常显平坦，同上游各站相应流量之和的过程线不相同，这在比降小、河槽宽的平原性河流上尤为明显。若用上、下游各站流量过程线的特征点（如峰、谷、转折点等）确定 τ_i 值就不正确。

实际工作中常用 2 种方法求 τ_i 值。一种是按上、下游站实测断面流速资料分析计算波速 c_i，则 $\tau_i = l_i / c_i$。另一种是试错法：假定 τ_i 值，计算 $\sum_{i=1}^{n} I_{i,\,t-\tau_i}$ 值，点绘式（2.4－29）的关系曲线，若点据较密集，所假定的 τ_i 值即为所求，否则重新假定 τ_i 值，直到满足要求为止。

也可在合成流量相关图中加入下游同时水位作为参数以反映区间来水量和 τ_i 值的影响。合成流量法的预见期取决于 τ_i 值中的最小值。由于干流来水量往往大于支流，实际工作中多以干流的值作为预见期。如果支流的 τ_i 值小于该 τ 值，求合成流量时支流的相应流量还需预报。

第 3 章

堤 防 工 程 与 水 力 学

3.1 水静力学

3.1.1 静水压强及其特性

液体和固体一样，由于自重而产生压力，但和固体不同的是，因为液体具有易流动

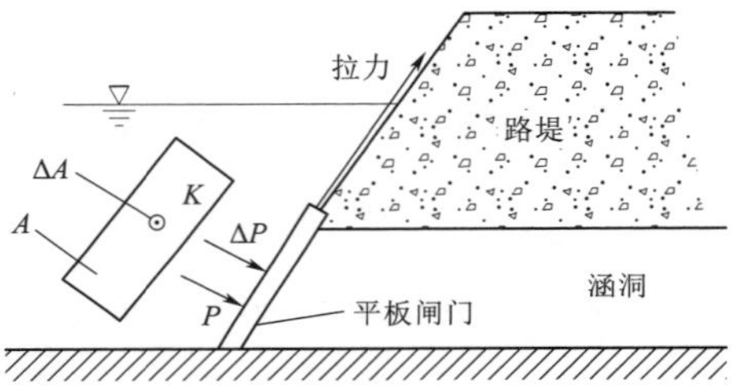

图 3.1-1 作用在平板闸门上的静水压力

性，液体对任何方向的接触面都显示压力，液体对容器壁面、液体内部之间都存在压力。

涵洞前设置一平板闸门，如图 3.1-1 所示。当开启闸门时需要很大的拉力，除闸门自重外，其主要原因是水对闸门产生了很大的压力。静止或相对静止液体对其接触面上所作用的压力称为静水压力（流体静压力），常以符号 P 表示。

在图 3.1-1 所示平板闸门上，取微小面积 ΔA，若作用于 ΔA 上的静水压力为 ΔP，则 ΔA 面上单位面积所受的平均静水压力称为平均静水压强（平均流体静压强），以 $\bar{p}$ 表示：

$$\bar{p} = \frac{\Delta P}{\Delta A} \tag{3.1-1}$$

可以看出，静水压力和静水压强都是压力的一种量度。它们的区别在于：前者是作用在某一面积上的总压力；后者是作用在单位面积上的平均压力或某一点上的压力。

在国际单位制中，静水压力的单位为牛顿（N）或千牛顿（kN）。静水压强的单位为牛顿/米^2（N/m^2）或千牛顿/米^2（kN/m^2）。牛顿/米^2 又称为帕斯卡（Pa），$1Pa=1N/m^2$。压强的量纲为 $ML^{-1}T^{-2}$。

静水压强有以下两个重要特性：①静水压强方向垂直受压面，并指向受压面；②任一点静水压强的大小和受压面方位无关。

3.1.2 液体平衡微分方程及其积分

3.1.2.1 液体平衡微分方程

液体的平衡微分方程用于表征液体处于平衡状态时作用于液体上各种力之间的关系。

设想在平衡状态的液体中隔离出微分正六面体 $abcdefgh$，其各边分别与直角坐标系的坐标轴平行，各边长分别为 dx、dy、dz，形心点在 $A(x，y，x)$，如图 3.1-2 所示。该六面体应在所有表面力和质量力的作用下处于平衡状态。

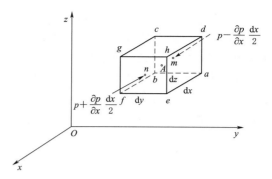

图 3.1-2　微分正六面体受力分析

（1）作用于微分六面体各表面上的表面力。周围流体对六面体各表面上所作用的静压力即是表面力。设六面体中心点 A 的静压强为 p，根据流体连续性的假定，它应当是空间坐标的连续函数，即 $p=p(x，y，z)$。当空间坐标发生变化时，压强也发生变化。六面体各表面形心点处的压强，以点 A 的压强 p 为基准，用泰勒级数展开并略去高阶微量来求得。沿 x 方向作用在 $abcd$ 面形心点 $m(x-dx/2，y，z)$ 上的压强 p_1 和 $efgh$ 面形心点 $n(xz+dx/2，y，z)$ 上的压强 p_2 可分别表述为

$$p_1=p-\frac{1}{2}\frac{\partial p}{\partial x}dx，\quad p_2=p+\frac{1}{2}\frac{\partial p}{\partial x}dx \tag{3.1-2}$$

式中：$\dfrac{\partial p}{\partial x}$ 为压强沿 x 方向的变化率，称为压强梯度；$\dfrac{1}{2}\dfrac{\partial p}{\partial x}dx$ 为由于 x 方向的位置变化而引起的压强差。

视微分六面体各面上的压强分布均匀，并可用面中心上的压强代表该面上的平均压强。因此，作用在边界面 $abcd$ 和 $efgh$ 上的总压力分别为

$$P_{abcd}=\left(p-\frac{1}{2}\frac{\partial p}{\partial x}dx\right)dydz \tag{3.1-3}$$

$$P_{efgh}=\left(p+\frac{1}{2}\frac{\partial p}{\partial x}dx\right)dydz \tag{3.1-4}$$

同理，对于沿 y 方向和 z 方向作用在相应面上的总压力可写出相应的表达式。

（2）列作用于六面体的力的平衡方程。当六面体处于平衡状态时，所有作用于六面体上的力，在 3 个坐标轴方向的投影之和应等于零。从而得到微分方程组如下：

$$\left.\begin{array}{l}f_x-\dfrac{1}{\rho}\dfrac{\partial p}{\partial x}=0\\[2mm]f_y-\dfrac{1}{\rho}\dfrac{\partial p}{\partial y}=0\\[2mm]f_z-\dfrac{1}{\rho}\dfrac{\partial p}{\partial z}=0\end{array}\right\} \tag{3.1-5}$$

式（3.1-5）即液体平衡微分方程，又称欧拉（Euler）平衡微分方程。它表达了处于平衡状态的液体中任一点压强与作用于液体的质量力之间的普遍关系。

3.1.2.2　液体平衡微分方程的积分

将式（3.1-5）中 3 个分量式依次乘以 dx、dy 和 dz，并将它们相加，从而得到流体平衡方程的全微分表达式为

$$dp = \rho(f_x dx + f_y dy + f_z dz) \qquad (3.1-6)$$

式（3.1-6）是流体平衡微分方程的另一种表达式。当单位质量已知时，利用该方程可以导出平衡液体压强分布规律。

对于不可压缩均质流体来说，其密度 ρ 是个常量。在这种情况下，由于式（3.1-6）等号左端是一个坐标函数 $W(x, y, z)$ 的全微分，因而该式等号右端括号内三项之和亦应是某一函数的全微分。即

$$\left. \begin{aligned} f_x &= \frac{\partial W}{\partial x} \\ f_y &= \frac{\partial W}{\partial y} \\ f_z &= \frac{\partial W}{\partial z} \end{aligned} \right\} \qquad (3.1-7)$$

满足式（3.1-7）的函数 $W(x, y, z)$ 称为力势函数（或势函数），而具有这样力势函数的质量力称为有势力（或保守力），例如，重力和惯性力。流体只有在有势的质量力作用下才能维持平衡。可得

$$p = \rho W + C \qquad (3.1-8)$$

式中：C 为积分常数，可由已知条件确定。

如果已知平衡流体边界或内部任意点处的压强 p_0 和力势函数 W_0，则由式（3.1-8）可得 $C = p_0 - \rho W_0$。将 C 值代入式（3.1-8），得

$$p = p_0 + \rho(W - W_0) \qquad (3.1-9)$$

式（3.1-9）即为流体平衡微分方程的积分形式。因力势函数仅为空间坐标的函数，所以，$W - W_0$ 也仅是空间坐标的函数而与 p_0 无关。因此，由式（3.1-9）可得出结论：处于平衡状态的不可压缩流体中，作用在其边界上的压强 p_0 将等值地传递到流体内的一切点上；即当 p_0 增大或减小时，流体内任意点的压强也相应地增大或减小同样数值。这就是物理学中著名的巴斯加原理。该原理在水压机、水力起重机、蓄能机等简单水力机械的工作原理中有广泛的应用。

3.1.3　液体静压强分布规律

实际工程中遇到的通常是只有重力作用下处于静止状态的液体平衡问题，此时液体所受的质量力只有重力。因此，有必要分析质量力只有重力情况下静止液体中各点静压强的分布规律。

3.1.3.1　流体静压强公式

如图 3.1-3 所示为静止液体，将直角坐标系的 z 轴取为铅直方向，原点选在底面。液面上的压强为 p_0。此时，作用在单位质量液体的质量力（即重力）在各坐标轴上的投影分别为 $f_x = 0$、$f_y = 0$、$f_z = -g$，代入液体平衡微分

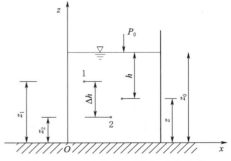

图 3.1-3　流体静压强公式的推导

方程（3.1－6），对不可压缩均值流体 ρ 为常数有

$$z+\frac{p}{\rho g}=C \qquad\qquad (3.1-10)$$

式中：C 为常数。

式（3.1－10）表明：在静止液体中，任一点的 $z+\frac{p}{\rho g}$ 总是一个常数。对液体内任意两点，式（3.1－10）可写为

$$z_1+\frac{p_1}{\rho g}=z_2+\frac{p_2}{\rho g} \qquad\qquad (3.1-11)$$

在液体表面上有 $z=z_0$、$p=p_0$，代入式（3.1－10），有 $C=z_0+\frac{p_0}{\rho g}$。将 C 值代入式（3.1－11），令 $h=z_0-z$ 表示该点在液体表面一下的淹没深度，有

$$p=p_0+\rho gh \qquad\qquad (3.1-12)$$

式（3.1－12）即是计算静压强的基本公式，亦称流体静力学基本方程。它表明，静止液体内任意点的压强 p 由两部分组成，一部分是表面压强 p_0，它遵从巴斯加原理，等值地传递到液体内部；另一部分是 ρgh，即该点到液体表面的单位面积上的液体重量。而且，压强随淹没深度按线性规律变化。

若液面与大气相通时，$p_0=p_a$，p_a 为当地大气压强。又如在同一连通的静止液体中，已知某点的压强，则应用式（3.1－12）可推求任一点的压强值，即

$$p_2=p_1+\rho g\Delta h \qquad\qquad (3.1-13)$$

式中：Δh 为两点间深度差，当点 1 高于点 2 时为正，反之为负。

对于气体来说，因 ρ 值较小，常忽略不计，由式（3.1－13）可知，气体中任意两点的静压强，在两点间之差不大时，可以认为相等。

3.1.3.2　压强的计量基准

（1）绝对压强。以设想没有大气存在的绝对真空状态作为零点计量的压强，称为绝对压强，以符号 p' 表示。若液面压强等于当地大气压强，有

$$p'=p_a+\rho gh \qquad\qquad (3.1-14)$$

（2）相对压强。以当地大气压强作为零点计量的压强称为相对压强，以 p 表示。在水工建筑物中，因水流和建筑物表面均受大气压强作用，所以在计算建筑物的水压力时，不需考虑大气压强的作用，因此常用相对压强来表示。在后文中，一般都指相对压强，若指绝对压强则将注明。如果自由表面压强 $p_0=p_a$，则式（3.1－14）可写为

$$p=\rho gh \qquad\qquad (3.1-15)$$

（3）绝对压强和相对压强的关系。绝对压强和相对压强是按两种不同基准计算的压强，它们之间相差一个当地大气压强值。若以 p_a 表示当地大气压强，则绝对压强 p' 和相对压强 p 的关系如下：

$$p'=p+p_a \qquad\qquad (3.1-16)$$

绝对压强和相对压强的关系如图 3.1－4 所示。

（4）真空及真空压强。当液体中某点的绝对压强 p' 小于当地大气压强 p_a，即其相对

压强为负值时，称该点存在真空（负压）。真空的大小通常用真空压强 p_k 表示，其计算式如下：

$$p_k = p_a - p' \qquad (3.1-17)$$

3.1.3.3 压强的表示法

（1）用应力单位表示。即从压强的定义出发，用单位面积上的力来表示。如牛顿/米^2（N/m^2）、千牛顿/米^2（kN/m^2）、牛顿/厘米^2（N/cm^2）等。

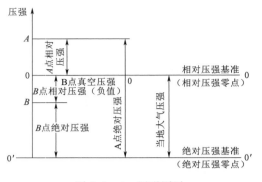

图 3.1-4 压强图示

（2）用大气压的倍数表示。国际上规定一个标准大气压（温度为 0℃，纬度为 45°时海平面上的压强）为 101.325kPa，用 atm 表示，即 latm＝101.325kPa。工程界中，常用工程大气压来表示压强，一个工程大气压（相当于海拔 200m 处的正常大气压）等于 98kPa，用 at 表示，即 1at＝98kPa。

（3）用液柱高度表示。其计算式如下：

$$h = \frac{p}{\rho g} \qquad (3.1-18)$$

即对于任一点的静压强 p 可以应用式（3.1-18）表示为密度为 ρ 的液体的液柱高度。常用水柱高度或汞柱高度表示，其单位为 mH$_2$O、mmH$_2$O 或 mmHg。

上述 3 种压强表示法之间的关系为

$$98\text{kN/m}^2 = \text{latm} = 10\text{mH}_2\text{O} = 736\text{mmHg}$$

$$101.325\text{kN/m}^2 = \text{latm} = 10.33\text{mH}_2\text{O} = 760\text{mmHg}$$

3.1.4 作用于平面上的静水总压力

上面讨论的是禁止液体内任一点的压强的计算方法。在实际工程中，常需要确定静止液体作用于整个受压面上的静压力，即液体总压力。例如，闸门等结构设计，必须计算结构物所受的静水总压力，它是水工建筑物结构设计时必须考虑的主要荷载。

液体总压力包括其大小、方向和作用点（总压力作用点也称压力中心）。本节主要讲述求解作用在平面上的液体总压力的两种方法：图解法和解析法。这两种方法的原理，都是以静压强的特性及流体静压强公式为依据的。

3.1.4.1 图解法

图解法是利用压强分布图计算液体总压力的方法。该方法用于计算作用在矩形平面上所受的液体总压力最为方便。工程上常常遇到的是矩形平面问题，所以此方法被普遍采用。

作用于平面上静水总压力的大小，应等于分布在平面上各点静水压强的总和。因而，作用在单位宽上的静水总压力，应等于静水分布图的面积；整个矩形平面的静水总压力，则等于平面的宽度乘压强分布图的面积。

图 3.1-5 给出了一任意倾斜放置的矩形平面 $ABEF$，平面长为 l，宽为 b，并令其压强分布图的面积为 Ω，则作用于该矩形平面上的静水总压力为

$$P = b\Omega \qquad (3.1-19)$$

因为压强分布图为梯形,其面积 $\Omega = \dfrac{1}{2}(\rho g h_1 + \rho g h_2)l$,故

$$P = \frac{\rho g}{2}(h_1 + h_2)bl \qquad (3.1-20)$$

矩形平面有纵向对称轴,P 的作用点 D 必位于纵向对称轴 $O-O$ 上,同时,总压力 P 的作用点还应通过压强分布图的形心点 Q。

当压强分布为三角形时,压力中心 D 距底部距离为 $e = l/3$;当压强为梯形分布时,压力中心距底部距离 $e = \dfrac{l(2h_1 + h_2)}{3(h_1 + h_2)}$。

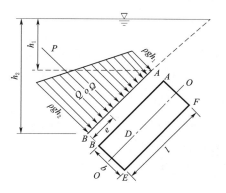

图 3.1-5　倾斜放置矩形
平面静水总压力

3.1.4.2　解析法

当受压面为任意形状,即为无对称轴的不规则平面时,液体总压力的计算较为复杂,常用解析法求解其液体总压力的大小和作用点位置。解析法是根据力学和数学分析方法来求解平面上液体总压力。

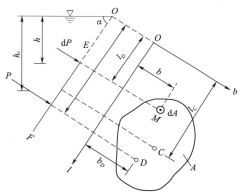

图 3.1-6　任意形状平面上静水总压力

有一任意形状平面 EF,倾斜置放与水中,与水平面的夹角为 α,平面面积为 A,平面形心点为 C(图 3.1-6)。下面研究作用于该平面上静水总压力的大小和压力中心位置。

为了分析方便,选平面 EF 的延展面与水面的交线 Ob,以及与 Ob 相垂直的 Ol 为一组参考坐标系。

(1)总压力。因为静水总压力是由每一部分面积上的静水压力所构成,先在 EF 平面上任选一点 M,围绕点 M 取一微分面积 dA。设 M 点在液体表面下的淹没深度为 h,故 M 点的静水压强 $p = \rho g h$,微分面 dA 上各点压强可视为与 M 点相同,故作用于 dA 面上静水压力为 $dP = p\,dA = \rho g h\,dA$;整个 EF 平面上的静水总压力则为

$$P = p_C A \qquad (3.1-21)$$

式(3.1-21)表明:作用于任意平面上的静水总压力,等于平面形心点上的静水压强与平面面积的乘积。形心点的压强 p_C,可理解为整个平面的平均静水压强。

(2)总压力的作用点。设总压力作用点的位置在 D,它在坐标系中的坐标值为 (l_D, b_D)。由理论力学可知,合力对任一轴的力矩等于各分力对该轴力矩的代数和。按照这一原理,考查静水压力分别对 Ob 轴及 Ol 轴的力矩。

对 Ob 轴,$Pl_D = \displaystyle\int_A lp\,dA$,因 $p = \rho g h = \rho g l \sin\alpha$,有

$$Pl_D = \rho g \sin\alpha \int_A l^2\,dA \qquad (3.1-22)$$

令 $I_b = \int_A l^2 \mathrm{d}A$，$I_b$ 表示平面 EF 对 Ob 轴的惯性矩。有平行移轴定理：$I_b = I_c + l_C^2 A$，I_c 表示平面 EF 对于通过其形心 C 且与 Ob 轴平行的轴线的惯性矩。代入式（3.1－22）得

$$l_D = l_C + \frac{I_C}{l_C A} \tag{3.1-23}$$

式（3.1－23）中，因 $I_C > 0$、$l_C > 0$、$A > 0$，所以 $\dfrac{I_C}{l_C A} > 0$，则 $l_D > l_C$，即总压力作用点 D 在平面形心点 C 下方。

同理得 b_D 的表达式为

$$b_D = \frac{I_{bl}}{l_C A} \tag{3.1-24}$$

式中：$I_{bl} = \int_A bl \mathrm{d}A$，表示平面 EF 对 Ob 即 Ol 轴的惯性积。

只要根据式（3.1－23）及式（3.1－24）求出 l_D 及 b_D，则压力中心 D 的位置即可确定。若平面 EF 有纵向对称轴，则不必计算 b_D 值，因为 D 点必在纵向对称轴上。表 3.1－1 列出了几种有纵向对称轴的常见平面静水总压力及压力中心位置的计算式。

表 3.1－1　　几种有纵向对称轴的常见平面静水总压力及压力中心位置计算表

平面在水中位置	平面形式	静水总压力 P 值	压力中心距水面的斜距
	矩形	$P = \dfrac{\rho g}{2} lb \,(2l_1 + l)\cdot \sin\alpha$	$l_D = l_1 + \dfrac{(3l_1 + 2l)\,l}{3\,(2l_1 + l)}$
	等腰梯形	$P = \rho g \sin\alpha \cdot$ $\dfrac{3l_1\,(B+b) + l\,(B+2b)}{6}$	$l_D = l_1 +$ $\dfrac{[2\,(B+2b)\,l_1 + (B+3b)\,l]\,l}{6\,(B+b)\,l_1 + 2\,(B+2b)\,l}$
	圆形	$P = \dfrac{\pi}{8} d^2\,(2l_1 + d)\cdot \rho g \sin\alpha$	$l_D = l_1 + \dfrac{d\,(8l_1 + 5d)}{8\,(2l_1 + d)}$
	半圆形	$P = \dfrac{d^2}{24}\,(3\pi l_1 + 2d)\cdot \rho g \sin\alpha$	$l_D = l_1 + \dfrac{d\,(32l_1 + 3\pi d)}{16\,(3\pi l_1 + 2d)}$

3.1.5　作用在曲面上的静水总压力

工程中常遇到受压面为曲面，例如，弧形闸门、输水管及圆形的储油设备等，这些曲面一般为柱形曲面（二向曲面）。下面着重讨论这种柱形曲面上的总压力计算问题。

在计算平面上液体总压力大小时，可以把各部分面积上所受压力直接求其代数和，这相当于求一个平行力系的合力。然而，对于曲面，根据静压强的特性，作用于曲面上各点上静压强都是沿曲面上各点的内法线方向。因此，曲面上各部分面积上所受压力的大小和方向均各不相同，故不能用代数和的方法计算总压力。为了把它变成一个求平行力系的合力问题，先分计算作用在曲面上总压力的水平分力 P_x 和垂直分力 P_z，最后合成总压力 P。

下面以水下一柱形曲面 AB（垂直于纸面为单位宽度）为例，如图 3.1-7 所示，说明求解作用于曲面上的液体总压力的大小和方向的方法。

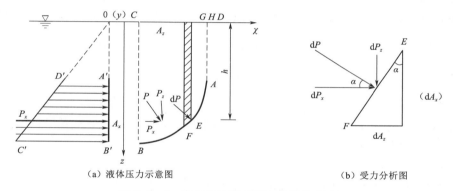

（a）液体压力示意图　　　　　　（b）受力分析图

图 3.1-7　作用于柱形曲面上的液体压力

3.1.5.1　总压力的水平分力和垂直分力

在曲面 AB 上任取一微小曲面 EF，并视为平面，其面积为 dA（图 3.1-7），作用在此量小平面 dA 上的静水总压力为 $dP = \rho gh\,dA$，其中 h 为 dA 面的形心在液面以下的深度，dP 垂直于平面 dA，与水平面的夹角为 α。此微小总压力 dP 可分解为水平和垂直 2 个分力：

$$\left.\begin{array}{l} dP_x = dP\cos\alpha = \rho gh\,dA\cos\alpha \\ dP_z = dP\sin\alpha = \rho gh\,dA\sin\alpha \end{array}\right\} \tag{3.1-25}$$

式中：$dA\cos\alpha$ 是 dA 在铅垂平面上的投影面，具有沿 x 向的法线，以 dA_x 表示；$dA\sin\alpha$ 是 dA 在水平面上的投影面，具有沿 z 向的法线，以 dA_z 表示，于是式（3.1-25）可写为

$$\left.\begin{array}{l} dP_x = \rho gh\,dA_x \\ dP_z = \rho gh\,dA_z \end{array}\right\} \tag{3.1-26}$$

对式（3.1-26）进行积分，即可求得作用在 AB 面上静水总压力的水平分力和铅直分力。

（1）水平分力。由式（3.1-26）第一式积分，得水平分力为

$$P_x = \rho g \int_{A_x} h \, \mathrm{d}A_x \tag{3.1-27}$$

式中铅直投影面 A_x 如图 3.1-7 所示，脚标 x 表示投影面的法向方向。

显然，求水平分力即转化为求作用在铅直投影面 A_x 上的力。由作用在平面上静水总压力可得

$$P_x = \rho g h_C A_x \tag{3.1-28}$$

式中：h_C 为铅直投影面的形心点在液面下的淹没深度。

水平分力 P_x 的作用线应通过 A_x 平面的压力中心，其方向垂直指向该平面。作用在投影面上的压强分布图如图 3.1-7（a）中的梯形 $A'B'C'D'$。

（2）垂直分力。由式（3.1-26）第二式积分，得铅垂分力为

$$P_z = \rho g \int_{A_z} h \, \mathrm{d}A_z \tag{3.1-29}$$

式中：投影面 A_z 如图 3.1-7 所示，脚标 z 表示投影面的法线方向。

分析式（3.1-29）右边的积分式，$h \mathrm{d}A_z$ 为作用在微小曲面 EF 上的水体体积，如图 3.1-7 中的 $EFGH$。所以 $\int_{A_z} h \mathrm{d}A_z$ 为作用在曲面 AB 上的水体体积，如图 3.1-8 中的 $ABCD$。令

$$V = \int_{A_z} h \, \mathrm{d}A_z \tag{3.1-30}$$

柱体 $ABCD$ 称为压力体。该体积乘以 ρg 即为作用于曲面上的液体 $ABCD$ 的重量。把式（3.1-30）代入式（3.1-29），得

$$P_z = \rho g V \tag{3.1-31}$$

式（3.1-31）表明：作用于曲面上总压力 P 的垂直分力 P_z 等于压力体内的水体重。显然，垂直分力 P_z 的作用线应通过液体 $ABCD$ 的重心。

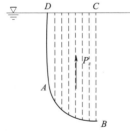

图 3.1-8　虚压力体

（3）压力体。压力体只是作为计算曲面上垂直分力的一个数值当量，它不一定是由实际液体所构成。对图 3.1-7 所示的曲面，压力体为液体所充实，称为实压力体；但在另外一些情况下，如图 3.1-8 所示的曲面，其相应的压力体（图中阴影部分）内并无液体，称为虚压力体。

压力体应由下列周界面所围成：①受压曲面本身；②受压曲面在自由液面（图 3.1-7）或自由液面的延展面（图 3.1-8）上的投影面；③从曲面的边缘向自由液面或自由液面的延展面所作的铅直面。

关于垂直分力 P_z 的方向，则应根据曲面与压力体的关系而定：当液体和压力体位于曲面的同侧（图 3.1-7）时，P_z 向下；当液体和压力体各在曲面之一侧（图 3.1-8）时，P_z 向上。

当曲面为凹凸相间的复杂柱面时，可在曲面与铅垂面相切处将曲面分开，分别绘出各部分的压力体，并定出各部分垂直压力的方向，然后合成起来，即可得出总的垂直压力的方向。图 3.1-9（a）曲面 $ABCD$，可分成 AC 及 CD 两部分，其压力体及相应垂直压力

的方向有如图 3.1-9 (b)、(c) 所示，合成后的压力体则如图 3.1-9 (d)。曲面 $ABCD$ 所受总压力的垂直分力的大小及其方向，即不难由图 3.1-9 (d) 定出。

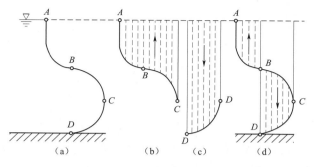

图 3.1-9　凹凸相间的复杂柱面的压力体

3.1.5.2　总压力

当总压力的水平分力 P_x 和铅直分力 P_z 求得后，作用在曲面上液体总压力的大小为

$$P=\sqrt{P_x^2+P_z^2} \tag{3.1-32}$$

3.1.5.3　总压力的方向

为了确定总压力 P 的方向，可以求出 P 与水平面的夹角为

$$\alpha=\arctan\frac{P_z}{P_x} \tag{3.1-33}$$

总压力的作用线必通过 P_x 与 P_z 的交点，这个交点不一定位于曲面上。

3.2　水动力学

3.2.1　流体运动的基本概念

3.2.1.1　描述流体运动的两种方法

研究流体运动首要任务是描述流动，描述流动的方法包括拉格朗日法和欧拉法。

（1）拉格朗日法。拉格朗日法以某一个流体质点的运动作为研究对象，通过对每个流体质点运动规律的研究以获得整个流体的运动规律。这种方法又称为质点系法。

将 $t=t_0$ 时的某流体质点在空间的位置坐标 (a,b,c) 作为该质点的标记。在此后的瞬间 t，该质点 (a,b,c) 已运动到空间位置 (x,y,z)。不同的质点在 t_0 时，具有不同的位置坐标，如 (a',b',c')、$(a'',b'',c'')\cdots$，这样就把不同的质点区别开来。同一质点在不同瞬间处于不同位置；各个质点在同一瞬间 t 应于不同的空间位置，如图 3.2-1 所示。因而，任一瞬时点 (a,b,c) 的空间位置 (x,y,x) 可表示为

$$\left.\begin{array}{l}x=x(a,b,c,t)\\ y=y(a,b,c,t)\\ z=z(a,b,c,t)\end{array}\right\} \tag{3.2-1}$$

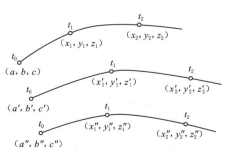

图 3.2-1　质点的运动轨迹

式中：a、b、c 称为拉格朗日变数。若给定式中的 a、b、c 值，可以得到某一特定质点的轨迹方程。

将式（3.2-1）对时间 t 取偏导数，可得任一流体质点在任意瞬间的速度 u 在 x、y、z 轴向

的分量：

$$
\left.
\begin{array}{l}
u_x = \dfrac{\partial x}{\partial t} = u_x(a,b,c,t) \\[2mm]
u_y = \dfrac{\partial y}{\partial t} = u_y(a,b,c,t) \\[2mm]
u_z = \dfrac{\partial z}{\partial t} = u_z(a,b,c,t)
\end{array}
\right\}
\tag{3.2-2}
$$

同理，将式（3.2-2）对时间取偏导数可得流体质点的加速度 a 在各轴向的投影：

$$
\left.
\begin{array}{l}
a_x = \dfrac{\partial^2 x}{\partial t^2} = a_x(a,b,c,t) \\[2mm]
a_y = \dfrac{\partial^2 y}{\partial t^2} = a_y(a,b,c,t) \\[2mm]
a_z = \dfrac{\partial^2 z}{\partial t_2} = a_z(a,b,c,t)
\end{array}
\right\}
\tag{3.2-3}
$$

对于某一特定质点，给定 a、b、c 值，就可利用式（3.2-1）～式（3.2-3）确定不同时刻流体质点的坐标、速度和加速度。拉格朗日法的基本特点是追踪单个质点的运动，概念上简明易懂，与研究固体质点运动的方法一致。但是，由于流体质点的运动轨迹非常复杂，要寻求为数众多的不同质点的运动规律，实际上难以实现，因而，除研究某些问题（如波浪运动等）外，一般不采用拉格朗日法。而且，绝大多数的工程问题并不要求追踪质点的来龙去脉，而是着眼于固定空间或固定断面的流动。例如，扭开水龙头，水从管中流出，我们并不需要追踪某个水质点自管中流出到哪里去，只要知道水从管中以怎样的速度流出即可，也就是要知道某固定断面（水龙头处）的流动状况。下面介绍普遍采用的欧拉法。

（2）欧拉法。欧拉法是以考察不同流体质点通过固定的空间点的运动情况来了解整个流动空间内的流动情况，即着眼于研究各种运动要素的分布场。这种方法又称为流场法。

采用欧拉法，流场中任何一个运动要素可以表示为空间坐标和时间的函数。在直角坐标系中，流速是随空间坐标 (x,y,x) 和时间 t 而变化的。因而，流体质点的流速在各坐标轴上的投影可表示为

$$
\left.
\begin{array}{l}
u_x = u_x(x,y,z,t) \\
u_y = u_y(x,y,z,t) \\
u_z = u_z(x,y,z,t)
\end{array}
\right\}
\tag{3.2-4}
$$

若令式（3.2-4）中 x、y、z 为常数，t 为变数，即可求得在某一空间点 (x,y,x) 上，流体质点在不同时刻通过该点的流速变化情况。若令 t 为常数，x、y、z 为变数，则可求得在同一时刻，通过不同空间点上的流体质点的流速分布情况（即流速场）。

在流场中，同一空间定点上不同流体质点通过该点时流速是不同的，即在同一空间点上流速随时间而变化。另外，在同一瞬间不同空间点上流速也是不同的。因此，欲求某一流体质点在空间定点上的加速度，应同时考虑以上两种变化。在一般情况下，任一流体质

点在空间定点上的加速度在 3 个坐标轴上的投影为

$$
\left.
\begin{aligned}
a_x &= \frac{\mathrm{d} u_x}{\mathrm{d} t} \\[4pt]
a_y &= \frac{\mathrm{d} u_y}{\mathrm{d} t} \\[4pt]
a_z &= \frac{\mathrm{d} u_z}{\mathrm{d} t}
\end{aligned}
\right\}
\tag{3.2-5}
$$

因 u_x、u_y、u_z 是 x、y、z 的连续函数，经微分时段 $\mathrm{d}t$ 后流体质点将运动到新的位置，所以 x、y、z 又是 t 的函数。利用复合函数微分规则，并考虑 $\dfrac{\mathrm{d}x}{\mathrm{d}t}=u_x$、$\dfrac{\mathrm{d}y}{\mathrm{d}t}=u_y$、$\dfrac{\mathrm{d}z}{\mathrm{d}t}=u_z$，则加速度表达式为

$$
\left.
\begin{aligned}
a_x &= \frac{\mathrm{d} u_x}{\mathrm{d} t} = \frac{\partial u_x}{\partial t} + u_x \frac{\partial u_x}{\partial x} + u_y \frac{\partial u_x}{\partial y} + u_z \frac{\partial u_x}{\partial z} \\[4pt]
a_y &= \frac{\mathrm{d} u_y}{\mathrm{d} t} = \frac{\partial u_y}{\partial t} + u_x \frac{\partial u_y}{\partial x} + u_y \frac{\partial u_y}{\partial y} + u_z \frac{\partial u_y}{\partial z} \\[4pt]
a_z &= \frac{\mathrm{d} u_z}{\mathrm{d} t} = \frac{\partial u_z}{\partial t} + u_x \frac{\partial u_z}{\partial x} + u_y \frac{\partial u_z}{\partial y} + u_z \frac{\partial u_z}{\partial z}
\end{aligned}
\right\}
\tag{3.2-6}
$$

以上三式中等号右边第一项 $\dfrac{\partial u_x}{\partial t}$、$\dfrac{\partial u_y}{\partial t}$、$\dfrac{\partial u_z}{\partial t}$ 表示在每个固定点上流速对时间的变化率，称为时变加速度（当地加速度）。等号右边的第二项至第四项之和 $u_x \dfrac{\partial u_x}{\partial x} + u_y \dfrac{\partial u_x}{\partial y} + u_z \dfrac{\partial u_x}{\partial z}$、$u_x \dfrac{\partial u_y}{\partial x} + u_y \dfrac{\partial u_y}{\partial y} + u_z \dfrac{\partial u_y}{\partial z}$、$u_x \dfrac{\partial u_z}{\partial x} + u_y \dfrac{\partial u_z}{\partial y} + u_z \dfrac{\partial u_z}{\partial z}$ 是表示流速随坐标的变化率，称为位变加速度（迁移加速度）。因此，一个流体质点在空间点上的全加速应为上述两加速度之和。

3.2.1.2 迹线与流线

在研究流动时，需要使用某些线簇图像表示流动情况。拉格朗日法研究的是流体中各个质点在不同时刻的运动情况，由此引出迹线。欧拉法研究的是同一时刻不同质点的运动情况，由此引出流线。

（1）迹线。某一流体质点在运动过程中，不同时刻所流经的空间点所连成的线称为迹线，或者迹线就是流体质点运动时所走过的轨迹线。图 3.2-1 为质点的迹线。

（2）流线。流线是某瞬间在流场中绘出的曲线，在此曲线上所有各点的流速矢量都和该线相切。流线的绘制方法如下：在流场中任取一点 1 [图 3.2-2（a）]，绘出在某时刻通过该点的流体质点的流速矢量 u，再在该矢量上取距点 1 很近的点 2 处，标出同一时刻通过该处的流体质点的流速矢量 u_2，如此继续下去，得曲线 123，若曲线上相邻各点的间距无限接近，其极限就是某时刻流场中经过点 1 的流线。如果绘出在同一瞬时各空间点的一簇流线，就可以清晰地表示出整个空间在该瞬时的流动图像 [图 3.2-2（b）、（c）]。可以证明，流线密处流速大，流线稀处流速小。

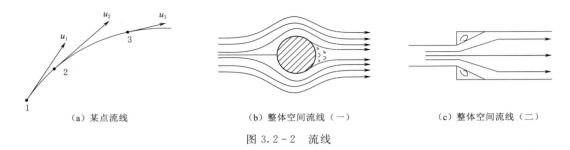

（a）某点流线　　　　　　（b）整体空间流线（一）　　　　　（c）整体空间流线（二）

图 3.2-2　流线

流线具有以下特性：

1）流线不能相交：如果流线相交，那么交点处的流速矢量应同时与这两条流线相切，但是一个流体质点在同瞬间只能有一个流动方向，而不能有两个流动方向，所以流线不能相交。

2）流线是一条光滑曲线或直线，不会发生转折：因为假定流体为连续介质，所以各运动要素在空间的变化是连续的，流速矢量在空间的变化亦应是连续的，若流线存在转折，同样会出现有两个流动方向的矛盾现象。

3）流线表示瞬时流动方向：因流体质点沿流线的切线方向流动，在不同瞬时，当流速改变时，流线即发生变化。

3.2.1.3　流管、元流和总流

（1）流管。在流动中任意取一条微小的封闭曲线 C（图 3.2-3），通过该曲线 C 上的每一个点作流线，这些流线所形成的一个封闭管状曲面称为流管。

（2）元流。充满流管中的流体称为元流或微小流束。

（3）总流。由无数元流组成的整个流体（如通过河道、管道的水流）称为总流。

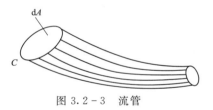

图 3.2-3　流管

3.2.1.4　过流断面、流量和断面平均流速

（1）过流断面。垂直于流线簇所取的断面，称为过流断面（过水断面）。过流断面的面积用 A 表示。当流线不平行时，过流断面为曲面 [图 3.2-4（a）]；当流线簇为彼此平行直线时，过流断面为一平面 [图 3.2-4（b）]，例如，等直径管道中的流动，其过流断面为平面。

（2）流量。单位时间内通过某一过流断面的流体体积称为流量，用 Q 表示，单位是 m^3/s。对于元流，过流断面 $\mathrm{d}A$ 上各点流速可认为相等，令 $\mathrm{d}A$ 面上的流速为 u，因过流断面与流速矢量垂直；对于总流，流量 Q 应等于所有元流的流量之和，设总流过流断面面积为 A，有

$$Q = \int_A \mathrm{d}Q = \int_A u\,\mathrm{d}A \tag{3.2-7}$$

（3）断面平均流速。因为总流过流断面上各点的流速是不等的，例如，管道中靠近管壁处流速小，而中间流速大，如图 3.2-5 所示，所以常用一个平均值来代替各点的实际流速，称该平均值为断面平均流速，用 v 表示。断面平均流速是一个假想的速度，其值

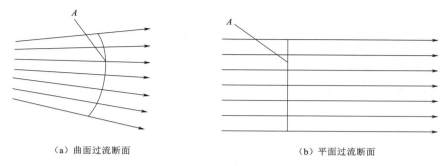

（a）曲面过流断面　　　　　　　　　　（b）平面过流断面

图 3.2-4　过流断面

与过流断面面积 A 的乘积应等于实际上流速为
不均匀分布时通过的流量，即

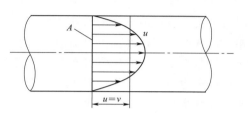

图 3.2-5　断面平均流速

$$Q = \int_A u \, \mathrm{d}A = vA \qquad (3.2-8)$$

3.2.1.5　一元流、二元流和三元流

采用欧拉法描述流动时，流场中的任何要
素可表示为空间坐标和时间的函数。例如，在
直角坐标系中，流速是空间坐标 x、y、z 和时
间 t 的函数。按运动要素随空间坐标变化的关系，可把流动分为一元流、二元流和三元流
（亦称一维流动、二维流动和三维流动）。

流体的运动要素仅随空间 1 个坐标（包括曲线坐标流程 s）而变化的流动称为一元
流。运动要素随空间 2 个坐标而变化的流动称为二元流（即平面流动）。运动要素随空间
3 个坐标而变化的流动称为三元流（即空间流动）。

严格地说，实际流体运动都属于三元流动。但按三元流分析，需考虑运动要素在空间
3 个坐标方向的变化，问题非常复杂，还会遇到许多数学上的困难。河渠、管道、闸、坝
的水流属于三元流，但有时可按一元流或二元流考虑。例如，当不考虑河渠和管道中的流
速沿断面变化，只考虑断面平均流速沿流程 s 的变化时，河渠和管道中的流动可视为一元
流。显然，元流就是一元流。对于总流，若把过流断面上各点的流速用断面平均流速代
替，这时总流可视为一元流。又如，矩形断面的顺直明渠，当渠道宽度很大，两侧边界影
响可以忽略不计时，可以认为沿宽度方向每一剖面的水流情况是相同的，水流中任一点的
流速与两个坐标有关，一个是决定断面位置的流程，另一个是该点在断面上距渠底的铅直
距离。

3.2.1.6　恒定流与非恒定流

（1）恒定流。如果在流场中任何空间点上所有的运动要素都不随时间改变，这种流动
称为恒定流。也就是说，在恒定流的情况下，任一空间点上无论哪个流体质点通过，其运
动要素都是不变的，运动要素仅仅是空间坐标的连续函数，而与时间无关。

恒定流时，流线的形状和位置不随时间而变化，这是因为整个流场内各点流速向量均
不随时间而改变。恒定流时，迹线与流线重合，因为流线不随时间改变，于是质点就一直
沿着这条流线运动而不离开它。

（2）非恒定流。如果流场中任何空间点上有任何一个运动要素是随时间而发生变化的，这种流动称为非恒定流。

实际上，大多数流动为非恒定流。但是，对于一般工程上所关心的流动，可以视为恒定流动。研究每一个流动时，首先要分清流动属于恒定流还是非恒定流。在恒定流问题中，不包括时间变量，流动的分析比较简单；而非恒定流问题中，由于增加了时间变量，流动的分析比较复杂。

3.2.1.7 均匀流与非均匀流

（1）均匀流。如果流动过程中运动要素不随坐标位置而变化，这种流动称为均匀流。例如，直径不变的直线管道中的水流为均匀流。

基于上述定义，均匀流具有以下特性：①均匀流的流线是彼此平行的直线，其过流断面为平面，且过流断面的形状和尺寸沿程不变；②均匀流中，同一流线上不同点的流速应相等，从而各过流断面上的流速分布相同，断面平均流速相等，即流速沿程不变；③均匀流过流断面上的动水压强分布规律与静水压强分布规律相同，即在同一过流断面上各点测压管水头为一常数，因而过流断面上任一点动水压强或断面上动水总压力都可以按静水压强以及静水总压力的公式来计算。

（2）非均匀流。如果流动过程中运动要素随坐标位置（流程）变化而变化，这种流动称为非均匀流。非均匀流的流线不是互相平行的直线。如果流线虽然互相平行但不是直线（如管径不变的弯管中水流），或者流线虽为直线但不互相平行（如管径沿程缓慢均匀扩散或收缩的渐变管中水流），都属于非均匀流。

按照流线不平行和弯曲的程度，非均匀流可视为两类：①渐变流：流线虽然不是互相平行的直线，但近似于平行直线时的流动称为渐变流；②急变流：若流线之间夹角很大或者流线的曲率半径很小，这种流动称为急变流。

3 种流态的水流实例如图 3.2-6 所示。

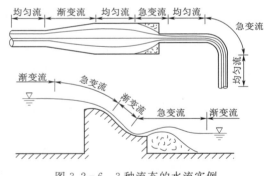

图 3.2-6 3 种流态的水流实例

3.2.1.8 有压流与无压流

（1）有压流。过流断面的全部周界与固体边壁接触、无自由表面的流动，称为有压流或者有压管流。如自来水管中的水流属于有压流。在有压流中，由于流体受到固体边界条件约束，流量变化只会引起压强、流速的变化，但过流断面的大小、形状不会改变。

（2）无压流。具有自由表面的流动称为无压流或明渠流。如河渠中的水流属于无压流；流体在管道中未充满整个管道断面的流动亦属于无压流。在无压流中，自由表面的压强为大气压强，其相对压强为零。当流量变化时，过流断面的大小、形状可随之改变，故流速和压强的变化表现为流速和水深的变化。

3.2.2 流体运动的连续性方程

流体被视为连续介质，其流动必须遵循质量守恒定律，即在某一给定时段中流入流场

中任意划定的一个封闭曲面的流体质量与流出的流
体质量之差应该等于该封闭曲面内因密度变化而引
起的质量总变化。其数学表达式称为流体运动的连
续性方程。

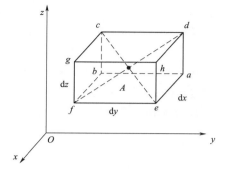

图 3.2-7　微分平行六面体

3.2.2.1　流体运动的连续性微分方程

设想在流场中取一空间微分平行六面体（图
3.2-7），六面体的边长为 dx、dy、dz，其形心为
$A(x, y, z)$，A 点的流速在各坐标轴的投影为
u_x、u_y、u_z，A 点的密度为 ρ。

下面研究六面体流体质量的变化。经一微小时
段 dt，自左面流入的流体质量为

$$\left(\rho-\frac{\partial\rho}{\partial x}\frac{dx}{2}\right)\left(u_x-\frac{\partial u_x}{\partial x}\frac{dx}{2}\right)dydzdt \tag{3.2-9}$$

因六面体内原来的平均密度为 ρ，总质量为 $\rho dxdydz$；经 dt 时段后平均密度变为 $\rho+$
$\frac{\partial\rho}{\partial t}dt$，总质量变为 $\left(\rho+\frac{\partial\rho}{\partial t}dt\right)dxdydz$，故经过 dt 时段后六面体内质量总变化为

$$\left(\rho+\frac{\partial\rho}{\partial t}dt\right)dxdydz-\rho dxdydz=\frac{\partial\rho}{\partial t}dxdydzdt \tag{3.2-10}$$

在同一时段内，流进与流出六面体总的流体质量的差值应与六面体内因密度变化所引起
的总的质量变化相等，就是可压缩流体非恒定流的连续性微分方程。它表达了任何可实现的
流体运动所必须满足的连续性条件。其物理意义是，流体在单位时间流经单位体积空间时，
流出与流入的质量差预期内部质量变化的代数和为零。对不可压缩均质流体 $\rho=$ 常数，简化为

$$\frac{\partial u_x}{\partial x}+\frac{\partial u_y}{\partial y}+\frac{\partial u_z}{\partial z}=0 \tag{3.2-11}$$

连续性微分方程中没有涉及任何力，描述的是流体运动学规律。它对理想流体与实际
流体、恒定流与非恒定流、均匀流与非均匀流、渐变流与急变流、有压流与无压流等都
适用。

3.2.2.2　总流的连续性方程

恒定总流连续性方程是水力学中三大基本方程之一，是
用以解决水力学问题的重要公式，应用广泛。可从质量守恒
定律推导恒定总流的连续性方程。

在恒定流中取流管如图 3.2-8 所示，四周均为流线，只
有两端过水断面有质点流进流出，而且流管形状不随时间
改变。

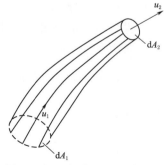

图 3.2-8　恒定总流连续性
方程的推导

在 dt 时段内，从 dA_1 流入的质量为 $\rho_1 u_1 dA_1 dt$，从 dA_2
流出的质量为 $\rho_2 u_2 dA_2 dt$，因为是恒定流，管内的质量不随时
间变化，根据质量守恒定律，流入的质量必与流出的质量相
等，可得

$$\rho_1 u_1 dA_1 dt = \rho_2 u_2 dA_2 dt \qquad (3.2-12)$$

考虑流体不可压缩，即 $\rho_1 = \rho_2$，有

$$Q = v_1 A_1 = v_2 A_2 \qquad (3.2-13)$$

式（3.2-13）说明，在不可压缩流体总流中，任意两个过流断面，其平均流速的大小与过流断面面积成反比。断面大的地方流速小，断面小的地方流速大。

若沿程有流量流进或流出（图 3.2-9），则总流连续性方程可写为

$$Q_1 + Q_2 = Q_3 \qquad (3.2-14)$$

$$Q_1 = Q_2 + Q_3 \qquad (3.2-15)$$

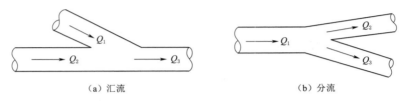

（a）汇流　　　　　　　　　　　　　　　　（b）分流

图 3.2-9　流动的汇流与分流

3.2.3　流体微团运动分析

刚体运动的基本形式有平移和转动两种形式，流体由于具有流动性，容易发生变形，因此液体微团运动较刚体复杂，不仅与刚体一样具有平移和转动，还有变形运动。为了便于说明，现以二维流动为例分析液体微团运动的基本形式。

设微团平行于 xOy 平面的投影面为 $ABCD$，在 t 瞬时，各角点沿 x、y 方向的速度分量如图 3.2-10 所示。

现分析微团运动的基本形式与速度变化之间的关系。

3.2.3.1　平移

平移是指液体微团在运动过程中任一线段的长度和方位均不变的运动。

分析平面微团 $ABCD$ 各点的速度分量，因为均含相同的 u_x、u_y 项，所以经过 dt 时段后微团在 x、y 方向的位移为 $x = u_x dt$、$y = u_y dt$ 发生平移运动，平移速度为 u_x、u_y，如图 3.2-10 所示。

3.2.3.2　线变形率

线变形是指微团在运动过程中，仅存在各线段的伸长或缩短。

微团在 x 方向的线变形可由 A、D 与 B、C 点的速度变化来描述。从图 3.2-10 中可以看出，A、D 点有共同项 u_x，B、C 点有共同项 $u_x + \dfrac{\partial u_x}{\partial x} dx$。因此 BC 边相对于 AD 边的速度为 $\dfrac{\partial u_x}{\partial x} dx$。经过 dt 时段后，微团运动到 $A'B'C'D'$ 位置，在 x 方向拉伸或缩短 $\dfrac{\partial u_x}{\partial x} dx dt$。

线变形率为微团单位长度随时间的变化率，据此定义，x 方向的线变形率为 $\dfrac{\dfrac{\partial u_x}{\partial x} dx dt}{dx dt} =$

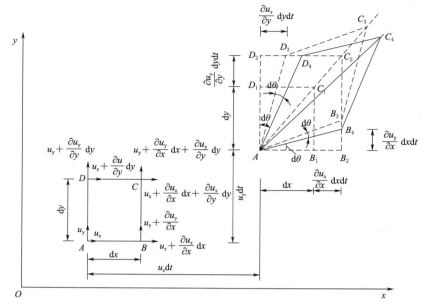

图 3.2 - 10　液体微团运动示意图

$\dfrac{\partial u_x}{\partial x}$。同理，$y$ 方向和 z 方向的线变形率分别为 $\dfrac{\partial u_y}{\partial y}$ 和 $\dfrac{\partial u_z}{\partial z}$。

3.2.3.3　角变形率

若微团 $ABCD$ 经过一段时间后运动至 $A'B'C'D'$，如图 3.2 - 10 所示，产生了角变形，角 BAD 的减少量为 $\mathrm{d}\alpha + \mathrm{d}\beta$，其平均角变形率为

$$\frac{1}{2}\frac{\mathrm{d}\alpha + \mathrm{d}\beta}{\mathrm{d}t} = \frac{1}{2}\left(\frac{\partial u_y \mathrm{d}x\,\mathrm{d}t/\partial x}{\mathrm{d}x\,\mathrm{d}t}\right)\left(\frac{\partial u_x \mathrm{d}y\,\mathrm{d}t/\partial y}{\mathrm{d}y\,\mathrm{d}t}\right) = \frac{1}{2}\left(\frac{\partial u_y}{\partial x} + \frac{\partial u_x}{\partial y}\right) = \varepsilon_{xy} \quad (3.2 - 16)$$

同理可得

$$\varepsilon_{yz} = \frac{1}{2}\left(\frac{\partial u_z}{\partial y} + \frac{\partial u_y}{\partial z}\right), \quad \varepsilon_{zx} = \frac{1}{2}\left(\frac{\partial u_x}{\partial z} + \frac{\partial u_z}{\partial x}\right) \quad (3.2 - 17)$$

3.2.3.4　旋转角速度

从图 3.2 - 10 中同样可以看出，微团 $ABCD$ 经过一段时间后运动至 $A'B'C'D'$ 时，对角线 AC 经过 $\mathrm{d}t$ 时间转动了角度 $\mathrm{d}\theta$。

$$\mathrm{d}\theta = \gamma + \mathrm{d}\alpha - 45° \quad (3.2 - 18)$$

由于 $2\gamma + \mathrm{d}\alpha + \mathrm{d}\beta = 90°$，因此 $\mathrm{d}\theta = \dfrac{1}{2}$（$\mathrm{d}\alpha - \mathrm{d}\beta$），则旋转角速度为 $\dfrac{\mathrm{d}\theta}{\mathrm{d}t} = \dfrac{1}{2}\left(\dfrac{\partial u_y}{\partial x} - \dfrac{\partial u_x}{\partial y}\right) = \omega_z$，同理可得 $\omega_y = \dfrac{1}{2}\left(\dfrac{\partial u_x}{\partial z} - \dfrac{\partial u_z}{\partial x}\right)$，$\omega_x = \dfrac{1}{2}\left(\dfrac{\partial u_z}{\partial y} - \dfrac{\partial u_y}{\partial z}\right)$。

液体运动的形态、规律与流场中质点的运动变化情况有关；这种变化可以用微团中任意两点的速度关系来描述。

设某瞬时 t，在液体内任取一液体微团，在其中选取基点 $M(x, y, z)$。在 t 瞬时 M 点的速度为 u，它在 3 个坐标轴上的分量分别为 u_x、u_y、u_z，距 M 点 $\mathrm{d}s$ 处 p 点的流速

u_p 在 3 个坐标轴的分量分别为 u_{px}、u_{py}、u_{pz}，则 $u_{px}=u_x+\mathrm{d}u_x$，$u_{py}=u_y+\mathrm{d}u_y$，$u_{pz}=u_z+\mathrm{d}u_z$。按泰勒级数将 $\mathrm{d}u_x$、$\mathrm{d}u_y$、$\mathrm{d}u_z$ 展开，略去高阶无穷小量，可得

$$\left.\begin{array}{l} u_{px}=u_x+\varepsilon_{xx}\mathrm{d}x+\varepsilon_{xy}\mathrm{d}y+\varepsilon_{xz}\mathrm{d}z+\omega_y\mathrm{d}z-\omega_z\mathrm{d}y \\ u_{py}=u_y+\varepsilon_{yy}\mathrm{d}y+\varepsilon_{yz}\mathrm{d}z+\varepsilon_{yx}\mathrm{d}x+\omega_z\mathrm{d}x-\omega_x\mathrm{d}z \\ u_{pz}=u_z+\varepsilon_{zz}\mathrm{d}z+\varepsilon_{zx}\mathrm{d}x+\varepsilon_{zy}\mathrm{d}y+\omega_x\mathrm{d}y-\omega_y\mathrm{d}x \end{array}\right\} \quad (3.2-19)$$

式 (3.2-19) 称为柯西-海姆霍尔兹方程，它给出了液体微团上任意两点速度关系的一般形式。

3.2.4　恒定平面势流

在某些情况下，如果液体的黏性作用很小，甚至可以忽略，可以把实际液体流动按势流处理。

3.2.4.1　流函数的定义

对于不可压缩液体的二维流动，其连续性方程为 $\dfrac{\partial u_x}{\partial x}+\dfrac{\partial u_y}{\partial x}=0$

由高等数学可知，$P(x,y)\mathrm{d}x+Q(x,y)\mathrm{d}y$ 是某一函数全微分的充分必要条件为 $\dfrac{\partial P}{\partial y}=\dfrac{\partial Q}{\partial x}$。则 $-u_y\mathrm{d}x+u_x\mathrm{d}y$ 必为某一函数的全微分，令此函数为 ψ，即

$$\mathrm{d}\psi=-u_y\mathrm{d}x+u_x\mathrm{d}y \quad (3.2-20)$$

由于

$$\mathrm{d}\psi=\frac{\partial\psi}{\partial x}\mathrm{d}x+-\frac{\partial\psi}{\partial y}\mathrm{d}y \quad (3.2-21)$$

则可得该函数与流速分量 u_x、u_y 之间的关系为

$$u_x=\frac{\partial\psi}{\partial y},\quad u_y=-\frac{\partial\psi}{\partial x} \quad (3.2-22)$$

ψ 即为流函数。

3.2.4.2　流函数 ψ 的主要性质

(1) 流函数等值线就是流线。

(2) 两条流线之间所通过的单宽流量等于两个流函数值之差。

(3) 对于平面不可压得无旋流动，流函数是调和函数。

3.2.4.3　势函数的定义

无旋运动是指旋转角速度为零的运动，即

$$\left.\begin{array}{l} \dfrac{\partial u_z}{\partial y}=\dfrac{\partial u_y}{\partial z} \\[2mm] \dfrac{\partial u_x}{\partial z}=\dfrac{\partial u_z}{\partial x} \\[2mm] \dfrac{\partial u_y}{\partial x}=\dfrac{\partial u_x}{\partial y} \end{array}\right\} \quad (3.2-23)$$

由高等数学可知，式 (3.2-23) 是 $u_x\mathrm{d}x+u_y\mathrm{d}y+u_z\mathrm{d}z$ 存在全微分的必要和充分条件，于是一定存在某一标量函数 $\varphi(x,y,z)$，且标量函数与流速分量间有下列关系

$$u_x = \frac{\partial \varphi}{\partial x}, \quad u_y = \frac{\partial \varphi}{\partial y}, \quad u_z = \frac{\partial \varphi}{\partial z} \qquad (3.2-24)$$

由此可见，无旋运动必然存在流速势函数。

3.2.4.4 势函数的主要性质

（1）等势线与流线正交。

（2）流速势函数满足拉普拉斯方程，为调和函数。

目前尚无法求得拉普拉斯方程的一般解，但某些比较简单边界条件下的流函数和势函数是不难求出的，因此可根据势流叠加原理，将一些简单势流叠加来解决一些比较复杂的势流问题。

设有几个简单势流，其势函数分别为 φ_1，φ_2，$\cdots$，φ_k，流函数分别为 ψ_1，ψ_2，$\cdots$，ψ_k，流速分别为 u_1，u_2，$\cdots$，u_k。这几个简单势流叠加后的势函数、流函数和速度分别为

$$\left.\begin{array}{l} \varphi = \varphi_1 + \varphi_2 + \cdots + \varphi_k \\ \psi = \psi_1 + \psi_2 + \cdots + \psi_k \\ u = u_1 + u_2 + \cdots + u_k \end{array}\right\} \qquad (3.2-25)$$

叠加后的解仍然满足拉普拉斯方程。因此工程中常利用势流叠加原理来解决一些较为复杂的势流问题。

3.3 渗流

本节主要研究流体（主要指水）在地表以下土壤孔隙和岩石裂隙时中的运动，并且假定土壤孔隙和岩石裂隙是相互连通的，它的运动为重力或压力以及因流动而引起的阻力所控制。这种地下水（包括其他流体）的运动也称为渗流。渗流理论在国民经济的各个领域，例如，在水利、石油、天然气、矿业、环境、地质等行业都有广泛的应用。本节主要研究恒定渗流的基本理论，并主要用以解决实际工程中的渗流问题。主要研究的内容有渗流量、渗流流速、渗流压强、渗流的浸润线等。

3.3.1 渗流的基本概念

渗流问题涉及水与固体骨架的相互作用，所以在研究渗流问题之前，对水在土壤之中存在的形态，以及土壤的有关特性做一简要介绍，并对地下水在土壤孔隙中的实际流动状况做一概化引入所谓渗流模型的概念。

水在土壤中的形态可分为气态水、附着水、薄膜水、毛细水和重力水。气态水是以水蒸气的形式悬浮在土壤孔隙之中，其数量极少。附着水和薄膜水都是由于土壤颗粒分子和水分子之间的相互吸引作用而包围在土壤四周的水分，这两者也称为结合水，很难移动，且数量较少。毛细水是由于毛细管作用而保持在土壤孔隙中，除毛细水的运动在某些特殊的渗流问题中加以考虑外，以上讨论的几种水通常都不是渗流问题的研究对象。重力水存在于土壤的大孔隙中，其运动受重力支配。本节主要讨论重力水的运动规律，这是渗流的主要研究对象。

为了更好地研究地下水的运动规律，对土壤的有关渗透特性做一介绍。透水性是指土壤允许水透过的性能，以后将用渗透系数去衡量其透水能力。土壤按其透水性能可分为以下几类。若在渗流空间的各点处同一方向透水性能相同的土壤称为均质土壤，否则为非均质土壤。若在渗流空间同一点处各个方向透水性能相同的土壤称为各向同性土壤，反之为各向异性土壤。自然界中土壤的构造是极其复杂的，一般多为非均质各向异性土壤。

本章主要讨论较简单的均质各向同性土壤的渗流问题。土壤的透水性能的大小也与土壤的密实程度和土壤颗粒的均匀程度有一定的关系，当然也与土壤的矿物成分和水的温度等有关。土壤的密实程度用孔隙率表示，而土壤颗粒大小的均匀程度用不均匀系数表示。土壤的孔隙率是表示在一定体积的土壤中，孔隙体积 V' 和土壤总体积（包括孔隙体积）V 的比值。

$$n = \frac{V'}{V} \tag{3.3-1}$$

若土壤为均质土壤，则体积孔隙率与面积孔隙率相等。

土壤颗粒大小的不均匀程度，可用以下定义的不均匀系数 η 表示。即

$$\eta = \frac{d_{60}}{d_{10}} \tag{3.3-2}$$

式中：d_{60} 表示土壤经过筛分后，占 60% 重量的土粒所能通过的筛孔直径；d_{10} 表示筛分时占 10% 重量的土粒所能通过的筛孔直径。

η 的值越大，表示土壤颗粒越不均匀。均匀颗粒组成的土壤，不均匀系数 $\eta = 1$。

实际的渗流是沿着一些形状、大小以及分布情况十分复杂的土壤孔隙流动的，具有很强的随机性。要想详细研究每个孔隙中水流的实际流动，非常困难，实际上也无必要。在实际工程问题中，往往不需要了解水流在孔隙中的实际流动情况，主要是要了解渗流的宏观的平均效果。为了使问题简化，通常采用一种假想的渗流来代替真实的渗流，这种假想的渗流就称为渗流模型。

渗流模型不考虑渗流在土壤孔隙中流动路径的迂回曲折，只考虑渗流的主要流向，并认为全部渗流空间（土壤和孔隙的总和）均被流体所充满。由于渗流模型把渗流的全部空间看作被流体所充满的连续体，可将渗流的运动要素作为全部空间的连续函数来研究，这样可以应用高等数学来分析研究渗流问题。

为了使真实的渗流与假想的渗流在水力特征方面相一致，渗流模型还必须满足下列条件：

(1) 空间同一过水断面，真实的渗流量等于模型的渗流量。

(2) 作用于模型中某一作用面上的渗流压力等于真实的渗流压力。

(3) 模型中任意体积内所受的阻力等于同体积内真实渗流的阻力，即两者的水头损失相等。

由于引入了渗流模型，渗流模型中的流速与真实的渗流流速是不相等的。如模型中一微小过水断面上渗流流速定义为

$$v = \frac{\Delta Q}{\Delta A} \tag{3.3-3}$$

式中：ΔQ 为通过微小过水断面 ΔA 的实际渗流量；ΔA 为包含了土壤颗粒骨架所占据的

面积在内的假的过水断面面积。

而实际的孔隙部分的过水断面面积 $\Delta A'$ 要比 ΔA 小，若土壤为均质土壤，其孔隙率为 n，$\Delta A'=n\Delta A$，这样，模型中的渗流速度与孔隙中的实际渗流速度的关系为

$$v=\frac{\Delta A'}{\Delta A}v'=nv' \qquad (3.3-4)$$

由于孔隙率 $n<1$，所以 $v'>v$，即实际渗流流速大于模型的渗流流速。一般不加说明，渗流流速是指模型的渗流流速。由于引入了渗流模型的概念，把渗流也视为一种连续介质运动，这样在前面各节分析连续介质运动要素的各种概念和方法，都可以引入到渗流中。本节主要讨论恒定渗流。

在研究渗流时，由于其流速很小，因此动能可以忽略。这样渗流的单位机械能就等于单位势能，即

$$E=H=z+\frac{p}{\rho g} \qquad (3.3-5)$$

这样，渗流的总水头线就是测压管水头线（浸润线），并且沿流只能下降。

3.3.2　渗流的基本定律

渗流运动的基本规律，早在 1852—1855 年间就由法国工程师达西（H. Darcy）在试验研究基础上，总结得出渗流水头损失和渗流流速、流量之间的基本关系，亦称为达西定律。

3.3.2.1　达西试验和达西定律

达西渗流试验装置如图 3.3－1 所示，该装置是由一个上端开口的直立圆筒。在圆筒的侧壁装有高差为 l 的两支测压管。筒底装有过滤板 D，过滤板以上装入均质砂土。水由引水管 A 注入圆筒 G，多余的水从溢流管 B 排出，以保证筒内水位恒定。

由于圆筒直径和渗流作用水头保持不变，故为恒定均匀渗流。水经过均质砂土渗至过滤板后流出，从管 C 流入量杯 F，在时段 t 内，流入量杯中的水体积为 V，则渗流流量为

$$Q=\frac{V}{t} \qquad (3.3-6)$$

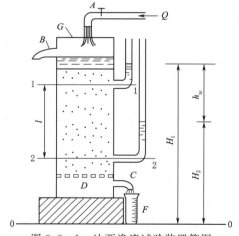

图 3.3－1　达西渗流试验装置简图

同时测读 1 和 2 两根测压管的水头 H_1 和 H_2。由于是均匀渗流，在 l 流段上的渗流水头损失为

$$h_w=H_1-H_2 \qquad (3.3-7)$$

达西在分析了大量试验资料的基础上，提出了对不同直径的圆筒和不同类型的土壤，通过圆筒内的渗流量 Q 与圆筒的断面面积 A 及水头损失 h_w 成正比，与两断面间的距离 l 成反比，亦可以写成断面平均流速的形式

$$v = kJ \qquad\qquad (3.3-8)$$

式（3.3-7）和式（3.3-8）统称为达西定律，它是解决渗流问题的基本定律。该定律表明，渗流流速 v 与水力坡度 J 的一次方成比例，因此达西定律亦称为渗流的线性定律。式中 k 为反映土壤渗流特性的一个综合指标，称为渗透系数，具有速度的量纲。

达西定律是根据恒定均匀渗流试验研究总结出来的，后来经过大量实践和研究，认为可以将其推广到其他形式土壤的恒定和非恒定渗流中去。由于任意空间点处的渗流速度 u 等于断面平均流速 v，而水力坡度 $J = -\dfrac{\mathrm{d}H}{\mathrm{d}s}$，这样达西定律可用下列的形式：

$$u = v = kJ = -k\frac{\mathrm{d}H}{\mathrm{d}s} \qquad\qquad (3.3-9)$$

达西定律是通过均匀砂土在均匀渗流试验的条件下总结归纳出来的。这样就有其一定的适用范围。达西定律只适用于层流渗流，亦称为线性渗流。反之超出此达西定律适用范围的渗流，亦称为紊流渗流或称为非线性渗流。

3.3.2.2　渗透系数及其确定方法

渗透系数是综合反映土壤透水能力的系数，它的物理意义是水力坡度 $J = 1$ 时的流速，它的大小取决于很多因素，但主要与土壤及流体的特性有（如土壤颗粒的形状、级配、分布以及流体的黏度、密度等）有关。k 值的确定精确与否直接会影响到整个渗流计算的成果，具有十分重要的意义。k 值通常由以下几种方法确定。

（1）实验室测定法。从天然的土壤中取回土样，放入如图 3.3-1 的达西渗流试验装置中，测定渗流流量 Q 和水头 H，然后用式（3.3-9）即可求出 k 值。由于被测定的土样只是天然土壤中的极小部分，而且在取样和运输过程中还可能破坏土壤自身的结构，所以取样时应尽量保持土壤的原来结构，并选取足够数量具有代表性的土样进行试验，只有这样才能获取较为可靠的 k 值。

（2）现场测定法。现场测定法主要采用现场钻井或挖试坑，然后注水或抽水，测定其流量 Q 及水头 H 值，根据有关公式计算渗透系数值。该法主要优点是不要采集土样，使土壤结构保持天然状态，测的 k 值更加接近真实，这是最有效和可靠的方法。但由于规模较大，花费的人力物力和财力均较大，一般多用于重要的大型工程。

（3）经验公式图表法。这一方法是根据土壤颗粒的形状、大小、结构孔隙率和温度等参数所组成的经验公式来估算渗透系数 k 值，可参阅有关的手册或规范。但这些公式和图表大多是经验的，各有其局限性，只能作为粗略估算时用。现将各类土壤的渗透系数 k 值列于表 3.3-1。

3.3.3　均质土堤渗流

本节主要介绍水利工程中的一种常见的水工建筑物土堤。由于土堤本身是由透水的材料堆积而成的，当土堤挡水后，水会从堤身内渗出。土堤渗流计算主要是确定经过坝体的渗流量和浸润线位置。图 3.3-2 为建在水平不透水地基上的均质土堤，由于仅考虑平面问题，沿着堤的中轴线截取一断面图。堤的宽度为 b，坝高为 H_n，上游堤面的边坡系数为 m_1，下游堤面的边坡系数为 m_2。当上、下游水深 H_1 和 H_2 都不变时，渗流为恒定流。

表 3.3-1   各种土壤的渗透系数参考值

土壤名称	$k/(\text{m/d})$	$k/(\text{cm/s})$	土壤名称	$k/(\text{m/d})$	$k/(\text{cm/s})$
黏土	<0.005	$<6\times10^{-6}$	粗砂	$20\sim50$	$2\times10^{-2}\sim6\times10^{-2}$
亚黏土	$0.005\sim0.1$	$6\times10^{-6}\sim1\times10^{-4}$	均质粗砂	$60\sim75$	$7\times10^{-2}\sim8\times10^{-2}$
轻亚黏土	$0.1\sim0.5$	$1\times10^{-4}\sim6\times10^{-4}$	圆砾	$50\sim100$	$6\times10^{-2}\sim1\times10^{-1}$
黄土	$0.25\sim0.5$	$3\times10^{-4}\sim6\times10^{-4}$	卵石	$100\sim500$	$1\times10^{-1}\sim6\times10^{-1}$
粉砂	$0.5\sim0.1$	$6\times10^{-4}\sim1\times10^{-3}$	无填充物卵石	$500\sim10000$	$6\times10^{-1}\sim1\times10^{-1}$
细砂	$1.0\sim5.0$	$1\times10^{-3}\sim6\times10^{-3}$	稍有裂隙岩石	$20\sim60$	$2\times10^{-2}\sim7\times10^{-2}$
中砂	$5.0\sim20.0$	$6\times10^{-3}\sim2\times10^{-2}$	裂隙多的岩石	>60	$>7\times10^{-2}$
均质中砂	$35\sim50$	$4\times10^{-2}\sim6\times10^{-2}$			

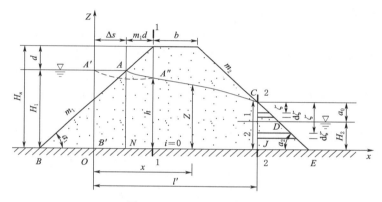

图 3.3-2 两段法示意图

由于土堤的上游面 AB 是渗流的起始过水断面，水从 AB 面渗入后，在堤体内形成具有浸润线 AC 的无压渗流。在流动过程中，由于存在能量损失，浸润线沿程总是下降的。最终浸润线在下游与堤面交于点 C，点 C 称为逸出点，与下游水面和堤面的交点 D 之间的距离称为逸出高度，用 a_0 表示。CD 段为逸出段，它既不是流线也不是过水断面，证明从略。

3.3.4 求解渗流问题的水力学法

关于土堤的计算，工程上常常采用一种简化的方法进行计算，如分段法，并且有三段法和两段法两种计算方法，下面仅介绍两段法。

两段法是在具体计算之前，先用如图 3.3-2 所示的等效堤身 $AA'B'N$ 替代原上游段的三角形堤身 ABN 参与计算。等效意味着两者通过的单宽流量 q 相等，并且断面 1 处的渗流水深 h 不变。设该矩形堤身的宽度为 Δs，根据试验资料，Δs 可用以下经验公式计算：

$$\Delta s = \lambda H_1 \tag{3.3-10}$$

式中：系数 λ 入与上游边坡系数 m_1 有关。

λ 值可由下式确定。

$$\lambda = \frac{m_1}{1+2m_1} \tag{3.3-11}$$

简化后的堤身渗流区被分为以断面 2—2 为界的前后两段。现分别介绍前后两段的计算方法。

3.3.4.1 前段计算

由于前端可视为几乎不透水层上的渐变渗流。上游作用水头为 H_1，下游作用水头为 (a_0+H_2)，得单宽渗流量 q 的关系式为

$$\frac{q}{k} = \frac{H_1^2 - (a_0+H_2)^2}{2l'} \tag{3.3-12}$$

由图 3.3—2 可知，式中的 $l' = \lambda H_1 + m_1 d + b + m_2(H_n - a_0 - H_2)$。其中 $H_n = H_1 + d$，而 d 为堤身超高。

3.3.4.2 后段计算

由图 3.3—2 可知，后段为三角形堤身 CJE 部分。该部分流线变化较大。由于堤的下游水位为 H_2，也可将该部分区域分为水上部分的 1 区和水下部分的 2 区，分别计算后，再合为一体。

首先研究 1 区。计算时近似以水平直线代替流线长度，按渐变流的杜比公式建立流量的表达式。

在 1 区，由于通过任一水平流线的水头损失都等于 C 点至该流线末端之间的铅垂距离 ζ。该流线的长度为 $m_2\zeta$，则在 1 区内任一小元流所通过的单宽流量为

$$q_1 = \int_0^{a_0} \mathrm{d}q_1 = \int_0^{a_0} \frac{k}{m_2} \mathrm{d}\zeta = \frac{ka_0}{m_2} \tag{3.3-13}$$

在 2 区中，上游 CJ 的单位势能为 a_0+H_2，下游 DE 的单位势能为 H_2。通过任一水平流线的水头损失都等于 a_0，而各流线的长度仍为 $m_2\zeta$，这样 2 区内任一小元流所通过的单宽流量为

$$\frac{q}{k} = \frac{a_0}{m_2}\left(1 + \ln\frac{a_0+H_2}{a_0}\right) \tag{3.3-14}$$

由以上前后两段所建立的式（3.3—13）和式（3.3—14）中有 q 和 a_0 两个未知数，方程数和未知数相等，可以求解。但在式中 a_0 是一个未知数，需要用试算法求 q 和 a_0。

3.3.4.3 浸润线计算

由图 3.3—2 土堤的浸润线的计算可按下列步骤进行。若不透水层的基础为平坡，则水平坐标 x 和铅垂坐标 z 的关系可按平坡无压渐变渗流的浸润线方程为

$$x = \frac{k}{2q}(H_1^2 - z^2) \tag{3.3-15}$$

设一系列的 z 值，由式（3.3—15）可以算得一系列对应的 x 值，这样可以绘制浸润线 $A'C$。而土堤的实际浸润线为 AC。一般来说 $A'C$ 和 AC 在断面 1 处的水深 h 应相等。当 $x = \Delta s + m_1 d$ 时，$z = h$，得 A'' 点。再根据流线与过水断面垂直的性质，浸润线在 A 点与过水断面 AB 垂直，然后用手描法连接 AA'' 为一条光滑曲线，最后得出实际浸润线 $AA''C$。

3.3.5 求解渗流问题的流网法

由于平面渗流问题属于平面势流，这样可以用本章提到的势流理论来解决恒定平面渗流问题，本节主要介绍流网解法。

以图 3.3 - 3 所示的水闸下的渗流为例。在透水地基上修建了水工建筑物（闸、坝、堤）后，由于在建筑物的上下游存在水位差，因此在透水地基中发生渗流。由于建筑物本身是不透水的，渗流没有浸润面，是有压渗流。

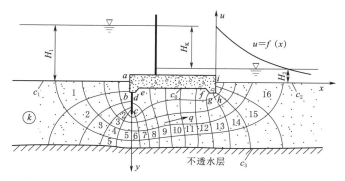

图 3.3 - 3 平面恒定渗流流网示意图

下面结合图 3.3 - 3 的闸下渗流介绍手描法绘制流网的步骤：

（1）根据渗流的边界条件，首先确定边界流线和边界等势线。如整个闸底板的底轮廓为第一条流线；另一条边界流线为不透水层线。上游透水边界为第一条已知的等势线，也是渗流的入口过水断面；下游透水边界也是一条等势线，也是渗流的出口的过水断面。

（2）根据流网的特性，绘制流网。由于流网是一组正交的网格，并且事先将其绘制成曲边正方形网格，对其后面利用其解题会带来较大的方便。为此，按边界等势线和边界流线的形状内插数条等势线和流线，并要保证在任何地方流线和等势线正交。

（3）初绘的流网一般不完全符合要求，对每一网格采用在网格中加绘对角线的办法加以检验。并且经过多次重复上述步骤，知道符合要求为止。

应该特别指出：由于边界形状的不规则，在局部区域有些网格可能会出现非曲边正方形的情况，甚至可能出现三角形或五角形的网格，但这不会影响整个流网的精度。

用上述方法得到流网后。即可用流网进行渗流计算。计算的主要内容有渗流速度、单宽渗流流量和渗流压强。如图 3.3 - 3 所示，若流网共有（$n+1$）条等势线（本例 $n+1=$ 11，则 $n=10$）和（$m+1$）条流线（本例 $m+1=5$，则 $m=4$），当上、下游水位差为 h 时，相邻两条等势线之间的水位差（即水头损失）为 $\Delta h = -\Delta H = \dfrac{h}{n}$，其中 $\Delta H = H_{i+1} - H_i$ 为负值，Δh 为正值。当流网绘成曲边正方形时，相邻两条流线之间的流函数之差 $\Delta \psi$ 与相邻两条等势线之间的势函数之差 $\Delta \varphi$ 相等，而 $\Delta \varphi = -kH$，即

$$\Delta \psi = \Delta \varphi = -k\,\Delta H = -k\,\Delta h = k\,\frac{h}{n} \qquad (3.3-16)$$

（1）渗流速度计算。若要计算渗流区域中某一网格的平均渗流速度 u，应先量测出该

网格的平均流线长度公 s，则该网格的平均水力坡度为

$$J = -\frac{\Delta H}{\Delta s} = \frac{h}{n\Delta s} \qquad (3.3-17)$$

渗流流速为

$$u = kJ = -k\frac{\Delta H}{\Delta s} = \frac{kh}{n\Delta s} \qquad (3.3-18)$$

（2）单宽渗流量计算。由流函数的性质，$dq = d\psi$，将微分改写成有限差分的形式为 $\Delta q = \Delta\psi$，而当流网的网格为曲边正方形时又有 $\Delta q = \Delta\psi = \Delta\varphi$，而 $\varphi = -k\Delta H$，则整个渗流区的单宽渗流量 q 为各流带单宽渗流量 Δq 的总和，则有

$$q = m\Delta q = \frac{m}{n}kh \qquad (3.3-19)$$

（3）渗流压强计算。由渗流的总能量即总势能公式有 $E = H = z + \dfrac{p}{\rho g}$，则任意点的压强

$$p = \rho g(H - z) \qquad (3.3-20)$$

要求出建筑物底轮廓上任意点上的压强，必须先确定两个量即该点的水头 H，和位置坐标 z，而 z 相对比较明确，一旦坐标轴（通常以下游水面为基准面，z 轴铅直向上）选定后，该点的坐标即可确定，主要讨论该点的水头 H 如何计算。要求出任意点上的水头 H，首先要求出渗流入口处第一条等势线的水头 H，对于图 3.3-3 所示的闸下渗流，该值为 $H = z + \dfrac{p}{\rho g} = h_1 - h_2 = h$。有了第一条等势线的水头 H，则任意第 i 条等势线的水头 H_i，为

$$H_i = H - (i-1)\frac{h}{n} \qquad (3.3-21)$$

式中：h 为上、下游的水头差；n 为等势带的带数。

将该点求出的位置坐标 z（也称为位置水头）和总水头 H 代入式（3.3-20）即可求出该点的渗流压强。如把闸底轮廓上各点得出的压强连成曲线即可知渗流压强分布。

（4）渗流压力计算。求出建筑物底轮廓各点的渗流压强分布后，其单宽渗流压力 P 为

$$P = \int_s p\,ds \qquad (3.3-22)$$

式中：s 为相应建筑物底轮廓线的长度。

由于式（3.3-22）中的 P 在建筑物底轮廓上的作用方向不同，不能放在一起进行计算。

第 4 章

堤 防 工 程 与 土 力 学

4.1　土的工程分类

　　土的分类法有多种，根据工程经验，把工程性能相近的土归划为一类，称为土的工程分类。对土进行工程分类的目的在于建立评价土的统一标准，初步判别土的工程特性和评价土作为地基或建筑材料的适宜性。

4.1.1　土的分类标准

4.1.1.1　分类的基本原则

　　土的分类定名在原则上应满足下列要求：

　　（1）应以能反映土性的指标作为分类的依据。因而必须选用对土的工程性质最有影响、最能反映土的基本性质和便于测定的指标。

　　（2）应能反映土在不同工作条件下的特性。如地质工作者从地质学观点出发，按土的成因进行分类；农业工作者按土的肥力进行分类；土建、水利工程人员按土的工程性质进行分类。

　　（3）要有一定的逻辑性，对土分类不仅要成体系，使其纲目分明，而且还要简单易记，便于应用。

4.1.1.2　分类指标的选择依据

　　从国内外土的工程分类的现状看，对土分类按上述原则进行时，其分类指标主要应依据以下 3 个方面内容选择。

　　（1）土的颗粒大小及其分布。土的颗粒大小及相互搭配关系，决定着土的性状。颗粒大小不同，反映土的比表面积的差异。例如，砾、砂、粉土和黏性土性质相差悬殊，主要是因为它们的颗粒大小显著不同所致。在细粒土中由于表面结合力的影响，起决定作用的是它的可塑性。与细粒土相比，巨粒土、粗粒土比表面积很小，可塑性甚微或可以忽略，但其粒径大小和级配对其性质有重要影响，故对巨粒土、粗粒土，主要是以粒径大小及其级配作为分类的依据。

　　（2）土的塑性和液限。细粒土的塑性能综合反映土的矿物成分、颗粒形状及大小等因素。如黏土具有塑性，粉土稍有或甚至无塑性，砂和砾完全无塑性，因而塑性指数是划分细粒土的分类指标之一。细粒土的液限也是影响其力学性质的重要指标。所以，对细粒土划分时，是以塑性指数和液限两个指标为依据的，即以塑性图 4.1-1 作为分类的基础。

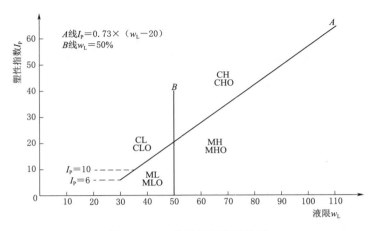

图 4.1-1　我国采用的塑性图

（3）有机质含量。有机质的存在必然影响土的力学性质。土中有机质含量较高时，土常表现为含水率高、压缩性大、渗透性大与强度较低的特点，因而将有机质含量列为分类指标，主要目的在于填筑土堤、土坝选料时引起人们的注意。所谓有机土是指古代或近代的江河、湖泊和海洋等水体中沉积形成的土，它没有固定的粒径，是由分解或部分分解的纤维性有机物质构成，如腐烂的树干、树根、草根等，潮湿时呈褐色、深灰色或黑色，并有臭味。根据有机质含量 Q_u 的不同可分为：有机质土（$5\% \leqslant Q_u \leqslant 10\%$）、泥炭质土（$10\% < Q_u \leqslant 60\%$）和泥炭（$Q_u > 60\%$）。

4.1.2　地基土分类

以下介绍国内的两种土的工程分类法：一种是《土工试验规程》（SL 237—1999）分类法，另一种是《港口工程地基规范》（JTS 147-1—2010）分类法。

4.1.2.1　《土工试验规程》（SL 237—1999）分类法

《土工试验规程》将工程用土分为一般土和特殊土两大类。一般土根据土中有机质的含量分为有机土和无机土。无机土按照不同粒组的相对含量分为巨粒类土和含巨粒类土、粗粒类土和细粒类土三大类。当土中含有超过 10% 的有机质时，为有机土，有机质含量介于 5%～10% 之间时称为有机质土。分类体系见图 4.1-2 所列。特殊土包括黄土、膨胀土和红黏土等，这里重点介绍一般土的分类方法。

（1）巨粒类土和含巨粒类土。巨粒类土系指巨粒组质量大于总质量 50% 的土。可将巨粒类土分为巨粒土和混合巨粒土。巨粒组质量为总质量的 15%～50% 的土为含巨粒土，即巨粒混合土，见表 4.1-1。

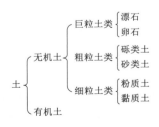

图 4.1-2　土的总分类体系

表 4.1-1　　　　　　　　　　巨粒类土和含巨粒类土分类表

土　类		粒　组　含　量		土代号	土名称
巨粒土类	巨粒土	巨粒含量 100%～75%	漂石粒含量＞50%	B	漂石
			漂石粒含量≤50%	Cb	卵石
	混合巨粒土	巨粒含量 75%～50%	漂石粒含量＞50%	BSl	混合土漂石
			漂石粒含量≤50%	CbSl	混合土卵石
含巨粒类土（巨粒混合土）		巨粒含量 50%～15%	漂石粒含量＞卵石含量	SlB	漂石混合土
			漂石粒含量≤卵石含量	SlCb	卵石混合土

（2）粗粒类土。大于 0.075mm 的粗粒组颗粒占土样总质量的 50% 以上的土统称粗粒类土，包括砾类土和砂类土。若土中砾粒组含量（2～60mm）超过砂粒组（0.075～2mm）含量，划分为砾类土（gravel）；反之，则为砂类土（sand）。砾类土和砂类土的进一步分类详见表 4.1-2。

表 4.1-2　　　　　　　　　　粗　粒　类　土　分　类　表

土　类		粒　组　含　量		土代号	土名称
砾	细粒含量＜5%	级配：同时满足 $C_u \geq 5$，$C_c = 1～3$		GW	级配良好砾
		级配：不同时满足上述要求		GP	级配不良砾
含细粒土砾		细粒含量 5%～15%		GF	含细粒土砾
细粒土质砾	15%＜细粒含量≤50%	细粒为粉土		GM	粉土质砾
		细粒为黏土		GC	黏土质砾
砂	细粒含量＜5%	级配：同时满足 $C_u \geq 5$，$C_c = 1～3$		SW	级配良好砂
		级配：不同时满足上述要求		SP	级配不良砂
含细粒土砂		细粒含量 5%～15%		SF	含细粒土砂
细粒土质砂	15%＜细粒含量≤50%	细粒为粉土		SM	粉土质砂
		细粒为黏土		SC	黏土质砂

（3）细粒类土。小于 0.075mm 的颗粒含量不小于 50% 的土称为细粒类土，其中粗粒组质量含量小于 25% 的土称细粒土；粗粒组质量含量占 25%～50% 的土称含粗粒的细粒土。细粒土可用塑性图来进行分类。《土工试验规程》（SL 237—1999）中使用的塑性图是参照国外制定塑性图的经验，并在对我国各地土类加以统计整理的基础上得出的，如图 5.1-1 所示。图中 A、B 两条线将整个塑性图划分为 4 个区域。图中 A 线是一条折线，由方程式 $I_P = 0.73 \times (w_L - 20)$ 的斜线和 $I_P = 10$ 的水平线组成。A 线以上为黏质土类；A 线以下为粉质土类。

B 线为 $w_L = 50\%$ 的竖直线，它将土按液限分为高（high）、低（low）两档，B 线以左为低液限土，以右为高液限土。这样就将塑性图划分为 4 个区域，若土中含有机质，在土名符号后加"O"，土名前加"有机质"。各类土在塑性图中的位置、土的符号、名称详见表 4.1-3。

表 4.1-3   细粒土在塑性图上位置及名称

土的塑性指标在塑性图中的位置		土代号	土 名 称
塑性指标 I_P	液限 w_L		
$I_P \geqslant 0.73 (w_L - 20)$ 和 $I_P \geqslant 10$	$w_L \geqslant 50\%$	CH CHO	高液限黏土 有机质高液限黏土
	$w_L < 50\%$	CL CLO	低液限黏土 有机质低液限黏土
$I_P < 0.73 (w_L - 20)$ 和 $I_P < 10$	$w_L \geqslant 50\%$	MH MHO	高液限粉土 有机质高液限粉土
	$w_L < 50\%$	ML MLO	低液限粉土 有机质低液限粉土

含粗粒的细粒土在分类定名时需在细粒土的名称之后加上占优势的粗粒组名称，例如"CHS"表示含砂高液限黏土。

当遇到各类土搭接情况时，可参考以下规定分类：

1）粗细粒组含量百分数处于粗细粒土界线上时，划分为细粒土。

2）粗粒土中，粒组含量处于砾类与砂类界线上时，划分为砂类。

3）细粒土中，如处于黏质土与粉质土界线上时，划分为黏质土；在液限高和液限低的界线上时，则按液限高考虑。

（4）土的现场鉴别分类。

1）巨粒土和粗粒土。巨粒土和粗粒土由目估结果进行分类定名。首先确定粒组的含量：将研碎的风干试样摊成一薄层，凭目测估计土中巨、粗、细粒组所占的比例，再按巨粒土和粗粒土分类表定名。

2）细粒土根据有机质、干强度、摇振反应试验测定土的塑性状态，然后按表 4.1-4 对土进行分类。

表 4.1-4   细粒土的简易分类

半固态时的干强度	硬塑-可塑状态时的手捻感和光滑度	土在可塑状态时		软塑-流塑状态时的摇振反应	土类代号
		可搓成最小直径/mm	韧性		
低-中	灰黑色，粉粒为主，稍黏，捻面粗糙	3	低	快-中	MLO
中	沙粒稍多，有黏性，捻面较粗糙，无光泽	2～3	低	快-中	ML
中-高	有沙粒，稍有滑腻感，捻面稍有光泽，灰黑色者为 CLO	1～2	中	无-很慢	CL、CLO
中	粉粒较多，有滑腻感，捻面较光滑	1～2	中	无-慢	MH
中-高	灰黑色，无砂，滑腻感强，捻面光滑	<1	中-高	无-慢	MHO
高-很高	无砂感，滑腻感强，捻面有光泽，灰黑色者为 CHO	<1	高	无	CH、CHO

以上介绍的是《土工试验规程》（SL 237—1999）分类。实际工程中，各部门对土的

分类并不统一，使用时必须注意。

4.1.2.2 《港口工程地基规范》(JTS 147—1—2010) 分类法

《港口工程地基规范》(JTS 147—1—2010) 依据沉积时代将土分为老沉积土、一般沉积土和新近沉积土；依据地质成因将土分为残积土、坡积土、洪积土、冲积土、湖积土、海积土、风积土、人工填土以及复合成因的土；依据颗粒级配和塑性指数将土分为碎石土、砂土、粉土和黏性土。

（1）碎石土。粒径大于 2mm 的颗粒质量超过总质量的 50％的土，根据颗粒级配及形状按表 4.1-5 定名。

表 4.1-5   碎 石 土 分 类 表

土的名称	颗 粒 形 状	颗 粒 级 配
漂石	圆形、亚圆形为主	粒径大于 200mm 的颗粒质量超过总质量 50％
块石	棱角形为主	
卵石	圆形、亚圆形为主	粒径大于 20mm 的颗粒质量超过总质量 50％
碎石	棱角形为主	
圆砾	圆形、亚圆形为主	粒径大于 2mm 的颗粒质量超过总质量 50％
角砾	棱角形为主	

（2）砂土。粒径大于 2mm 的颗粒质量不超过总质量的 50％，且粒径大于 0.075mm 的颗粒质量超过总质量的 50％的土、根据颗粒级配按表 4.1-6 定名。

表 4.1-6   砂 土 分 类 表

土 名 称	粒 组 含 量
砾砂	粒径大于 2mm 的颗粒质量占总质量的 25％～50％
粗砂	粒径大于 0.5mm 的颗粒质量超过总质量的 50％
中砂	粒径大于 0.25mm 的颗粒质量超过总质量的 50％
细砂	粒径大于 0.075mm 的颗粒质量超过总质量的 85％
粉砂	粒径大于 0.075mm 的颗粒质量超过总质量的 50％

（3）粉土。粉土系指粒径大于 0.075mm 的颗粒质量不超过总质量的 50％，且塑性指数 $I_P \leqslant 10$ 的土。

（4）黏性土。

1）黏性土系指塑性指数 $I_P > 10$ 的土，黏性土可 I_P 按表 4.1-7 分为黏土和粉质黏土。

表 4.1-7   黏 性 土 分 类

塑性指数 I_P	$I_P > 17$	$10 < I_P \leqslant 17$
土的名称	黏土	粉质黏土

注 塑性指数的液限值采用 76g 圆锥仪沉入土中 10mm 测定。

2）淤泥性土系指在静水或缓慢的流水环境中沉积，天然含水率大于液限、孔隙比 $e \geqslant 1.0$ 的黏性土。可按表 4.1-8 将淤泥性土分为淤泥质土、淤泥和流泥。

表 4.1-8　　　　　　　　　淤泥性土的分类

名　　称	孔隙比 e	含水率 w
淤泥质土	$1.0 \leqslant e < 1.5$	$36\% \leqslant w < 55\%$
淤泥	$1.5 \leqslant e < 2.4$	$55\% \leqslant w < 85\%$
流泥	$e \geqslant 2.4$	$w \geqslant 85\%$

3）有机质土系指有机质含量不小于 5% 的黏性土。

（5）混合土。混合土系指粗细粒两类土呈混杂状态存在，具有颗粒级配不连续，中间细组颗粒含量极少，级配曲线中间段极为平缓等特征，且 $C_u > 30$ 的土。定名时，主要土类列在名称前部，次要土类列在名称后部，中间用"混"字连接。混合土按其成因和不同土类的含量可分为 2 种。

1）淤泥和砂的混合土。该土属海陆混合相沉积的一种特殊土，土质极松软。依据室内试验定名时，当淤泥的质量超过总质量的 30% 时为淤泥混砂；当淤泥的质量大于 10% 且不大于 30% 时为砂混淤泥。现场定名时，淤泥含量以体积估判，当淤泥体积超过总体的 50% 时为淤泥混砂；当淤泥体积大于 20% 且不大于 50% 时为砂混淤泥。

2）黏性土和砂或碎石的混合土。该土属残积、坡积和洪积等成因形成的土。依据室内试验定名时，当黏性土的质量超过总质量的 40% 时为黏性土混砂或碎石；当黏性土的质量大于 10% 且不大于 40% 时为砂或碎石混合黏性土。现场定名时以各种土的体积 50% 为分界进行估判。

（6）层状构造土。层状构造土系指两类不同土层相间或韵律沉积，具有明显层状构造的土。根据其成因和两类上层的厚度比，可分为互层土（两类土层厚度相差不大，厚度比一般大于 1/3）、夹层土（两类土层厚度相差较大，厚度比为 1/10～1/3）和间层土（具有很厚的黏性土，夹有相当部分砂，厚度比小于 1/10）。

（7）填土。填土系指由人类活动而堆积的土，根据其物质组成和堆填方式可分为冲填土、素填土和杂填土。其中冲填土系由水力冲填砂土、粉土或黏性土而形成；素填土由碎石土、砂土、粉土、黏性土等组成，经分层压实者称压实填土；杂填土系指含有建筑垃圾、工业废料、生活垃圾等杂物的填土。

实际工程中，不同地域还经常会遇到物理性质特殊的土，工程上常称为特殊土。如湿陷性黄土、膨胀土、冻土、红黏土等。

4.2　土的物理性质

土的物理性质指标很多，其中有 3 个指标可由试验测定，称为直接测定的指标。其余指标则可根据这三个指标换算得出，称为换算指标。

4.2.1 试验直接测定的物理性质指标

4.2.1.1 土的密度与重度

土的密度定义为土单位体积的质量，以 kg/m^3 或 g/cm^3 计：

$$\rho = \frac{m}{V} = \frac{m_s + m_w}{V_s + V_w + V_a} \qquad (4.2-1)$$

工程中还常用容重 γ 来表示类似的概念，土的容重定义为单位体积土的重量，又称重度，其表达式为

$$\gamma = \rho \times g = \frac{W}{V} = \frac{W_s + W_w}{V_s + V_w + V_a} \qquad (4.2-2)$$

式中：γ 为土的容重，kN/m^3；W 为土的重量，kN；W_s 为土颗粒的重量，kN；W_w 为土中水的重量，kN；V 为土的体积，m^3。

土的容重常用环刀法测定，详见《土工试验规程》（SL 237—1999）。天然状态下，土的容重一般介于 $16 \sim 22kN/m^3$ 之间。容重大于 $20kN/m^3$ 的土一般是比较密实的，而容重小于 $18kN/m^3$ 的土一般是比较松软的。

4.2.1.2 土粒相对密度

土中土粒的重量与同体积蒸馏水在 4℃ 时的重量之比，称为土粒相对密度。其表达式为

$$G_s = \frac{W_s}{V_s \gamma_w} \qquad (4.2-3)$$

式中：γ_w 为 4℃ 时纯蒸馏水的容重，kN/m^3；V_s 为土粒的体积，m^3。

土粒相对密度常用比重瓶法测定，具体测定方法可参阅《土工试验规程》（SL 237—1999）。土粒相对密度的大小，视土粒矿物成分而不同。表 4.2-1 为常见矿物的相对密度值。砂性土相对密度介于 $2.63 \sim 2.67$ 之间，平均值为 2.65，黏性土相对密度介于 $2.67 \sim 2.74$ 之间，泥炭相对密度小至 $0.5 \sim 0.8$。

表 4.2-1　　　　　　　　　常见矿物的相对密度值表

矿物名称	相对密度值	矿物名称	相对密度值
正长石	2.54～2.56	蒙脱石	2.13～2.18
斜长石	2.62～2.67	石膏	2.20～2.40
石英	2.65～2.67	伊利石	2.6
黑云母	2.70～3.10	高岭石	2.60～2.63
方解石	2.80～2.90	滑石	2.60～2.70
菱铁矿	3.83～3.88	角闪石	3.00～3.40
赤铁矿	4.90～5.30	斜方辉石	3.20～3.60
磁铁矿	5.17～5.18	磷灰石	3.2

4.2.1.3 含水量（率）

土中水的质量与土粒的质量之比称为土的含水量（率），用 w 表示，以百分数计，即

$$w = \frac{m_w}{m_s} \times 100\% \qquad (4.2-4)$$

土的含水量通常用烘干法测定，详见《土工试验规程》（SL 237—1999）。不同土的天然含水量可以在很大范围内变动；砂为 $0 \sim 40\%$，黏性土为 $3\% \sim 100\%$。我国云南滇池泥炭土的含水量甚至高达 300%。一般而论，土（尤其是黏性土）的含水量发生变化时，土的物理性质也会随之而变。

4.2.2 间接换算的物理性质指标

4.2.2.1 孔隙比

土中孔隙的体积与土粒体积之比称为孔隙比，用 e 表示，以小数计，即

$$e = \frac{V_v}{V_s} \qquad (4.2-5)$$

4.2.2.2 孔隙率

土中孔隙体积占土的总体积的百分数，称孔隙率，用 n 表示，以百分数计，即

$$n = \frac{V_v}{V} \times 100\% \qquad (4.2-6)$$

4.2.2.3 饱和度

饱和度定义为土中所含水分的体积与孔隙体积之比，表明孔隙被水充满的程度，用 S_r 表示，以百分数计，即

$$S_r = \frac{V_w}{V_v} \times 100\% \qquad (4.2-7)$$

4.2.2.4 干密度与干重度

土被完全烘干时的密度称为干密度。在忽略气体的质量时，它在数值上等于单位体积中土粒的质量，表示为

$$\rho_d = \frac{m_s}{V} \qquad (4.2-8)$$

此时的容重称为干容重，其表达式为

$$\gamma_d = \frac{W_s}{V} \qquad (4.2-9)$$

工程中（如填筑堤坝）常用干容重来评定填土的松密，以控制填土的施工质量。

4.2.2.5 饱和密度和饱和重度

土中孔隙完全被水充满时的密度称为饱和密度，其表达式为

$$\rho_{sat} = \frac{m_s + V_v \rho_w}{V} \qquad (4.2-10)$$

此时的容重称为饱和容重，其表达式为

$$\gamma_{sat} = \frac{W_s + V_v \gamma_w}{V} \qquad (4.2-11)$$

4.2.2.6 浮密度和浮重度

土的浮密度是地下水位以下，单位体积中土粒质量与同体积水的质量之差，也被称为土的有效密度 ρ'，表达式为

$$\rho' = \frac{m_s - V_s \rho_w}{V} \qquad (4.2-12)$$

土被水淹没时，除去受到水的浮力作用，土的有效容重 γ'，称为浮容重，其表达式为

$$\gamma' = \frac{W_s - V_s \gamma_w}{V} \qquad (4.2-13)$$

根据以上各表达式可见，同一种土各种情况下的容重在数值上有如下关系：

$$\gamma_{sat} > \gamma > \gamma_{sat} > \gamma' \qquad (4.2-14)$$

4.2.3　物理性质间的换算

4.2.3.1　孔隙率与孔隙比

孔隙率与孔隙比的换算关系可以从其定义推导如下：

$$n = \frac{V_v}{V} = \frac{V_v}{V_s + V_v} = \frac{V_v/V_s}{1 + V_v/V_s} = \frac{e}{1+e} \qquad (4.2-15)$$

4.2.3.2　干密度与湿密度和含水量

由湿密度 $\rho = \frac{m}{V}$ 以及含水量 $w = \frac{m_w}{m_s}$ 可推知干密度与湿密度关系如下：

$$\rho_d = \frac{m_s}{V} = \frac{m_s}{m/\rho} = \frac{m_s \rho}{m_s + m_w} = \frac{\rho}{1+w} \qquad (4.2-16)$$

4.2.3.3　孔隙比与相对密度和干密度的关系

孔隙比与相对密度的关系及孔隙比与干密度的关系分别如式（4.2-17）和式（4.2-18）所示：

$$e = \frac{V_v}{V_s} = \frac{V - V_s}{V_s} = \frac{V}{V_s} - 1 = \frac{m_s/\rho_d}{m_s/(G_s \rho_w)} - 1 = \frac{G_s \rho_w}{\rho_d} - 1 \qquad (4.2-17)$$

$$\rho_d = \frac{m_s}{V} = \frac{m_s}{V_s + V_v} = \frac{\rho_s}{1+e} \qquad (4.2-18)$$

4.2.3.4　饱和度与含水量

饱和度与含水量的关系为

$$S_r = \frac{V_w}{V_v} = \frac{w\rho_s}{\rho_w e} = \frac{wG_S}{e} \qquad (4.2-19)$$

4.2.3.5　相对密度和孔隙比

由式（4.2-19）知，当土体饱和时 S_r 为 100%，w_{sat} 为饱和含水量，可得表达式：

$$e = w_{sat} G_s \qquad (4.2-20)$$

4.2.3.6　浮密度与相对密度和孔隙比

浮密度与相对密度和孔隙比的关系式为

$$\rho' = \frac{m_s - V_s \rho_w}{V} = \frac{m_s - V_s \rho_w}{V_s + V_v} = \frac{\rho_s - \rho_w}{1+e} = \frac{(G_s - 1)\rho_w}{1+e} \qquad (4.2-21)$$

4.3　土的渗透性及土堤渗透破坏特征

水在重力作用下，透过土体发生运动，这一现象称为渗流，土体被水透过的性质称为

土的渗透性。通过历史资料统计，80%以上的汛期堤防险情是由渗流引起的，是威胁大堤防洪安全的主要因素。

4.3.1 渗透力及渗透稳定性

4.3.1.1 渗透力

水在土中渗流，对骨架施加推力，同时也受到骨架的阻力。对土骨架产生的推力和阻力。这些力在垂直方向积分的合力为浮力，用 F_i 表示；在水平方向积分的合力为渗流力，用 J_{si} 表示。通常把水流流过土孔隙时，作用于土骨架上的体积力称为渗流力，用 J 表示。

4.3.1.2 渗透稳定性

水在土体中渗流，将引起土体内部应力状态的改变。例如，对土坝地基和坝体来说，由于上下游水头差而引起渗流，一方面可能导致土体内细颗粒被冲击、带走或土体局部移动，引起土体的变形（常称为渗透变形）；另一方面，渗透的作用力可能会增大坝体或地基的滑动力，导致坝体或地基滑动破坏，影响整体稳定性。这是渗流对工程影响的两个主要问题。

4.3.2 渗透变形定义

渗透变形是土体在一定水力坡降渗流作用下发生变形或破坏的现象。具体是指土岩体在地下水渗透力（动水压力）的作用下，部分颗粒或整体发生移动，引起岩土体的变形和破坏的作用和现象。

4.3.3 渗透变形特点

渗透变形特点为隐蔽性强，表现形式多样，具体表现为鼓胀、浮动、断裂、泉眼、沙浮、土体翻动等。并且渗透水流作用于岩土上的力称为渗透水压或动水压力，只要有渗流存在就存在这种压力，当此力达到一定大小时，岩土中的某颗粒就会被渗透水流携带和搬运，从而引起沿岩土的结构变松，强度降低，甚至整体发生破坏。

4.3.4 渗透破坏分类

土体在渗流作用下会发生渗透变形，根据土的颗粒级配和特性、水力条件、水流方向和地质情况等因素，渗透变形通常包括管涌、流土、接触冲刷和接触流土等 4 种形式。

（1）管涌。在渗流作用下，细颗粒沿土体骨架中的孔道发生移动带走的现象，又称潜蚀。它通常发生在砂砾石地层中。根据渗透方向与重力方向的关系，管涌又分为垂直管涌、水平管涌。

（2）流土。在渗流作用下，土体中的颗粒群或团块同时发生移动的现象，常发生于均质砂土层和亚砂土层中。这种破坏形式在黏性土和无黏性土中均可以发生。黏性土发生流土破坏的外观表现为：土体隆起、鼓胀、浮动、断裂等。无黏性土发生流土破坏的外观表现是：泉眼（群）、砂沸、土体翻滚最终被渗透托起等。

（3）接触冲刷。渗流沿着两种不同介质的接触面流动并带走细颗粒的现象称为接触冲刷。如穿堤建筑物与堤身的结合面和裂缝的渗透破坏等。

（4）接触流土。渗流垂直于两种不同介质的接触面运动，并把一层土的颗粒带入另一土层的现象称为接触流土。这种现象一般发生在颗粒粗细相差较大的两种土层的接触带，如反滤层的机械淤堵等。对黏性土，只有流土、接触冲刷或接触流土 3 种破坏形式，不可能产生管涌破坏。对无黏性土，则 4 种破坏形式均可发生。

4.3.5　渗透变形发展机理

以往，人们总是认为渗透变形的发生和发展是难以预测的。这种认识的产生是基于对地质条件、土体结构缺乏足够了解，是由于历史、经济、技术和思想等方面的原因造成的。因此误认为堤坝渗透破坏是随机发生的。因而面对洪水来袭，惯用的方法常常是采用"人海战术"，一味对堤防采用拉网式的排查，严防死守，这种方法不但耗时耗力、劳民伤财，而且效果不尽如人意。随着人们认识水平的不断提高，对于渗透变形发生的前提条件及其发展过程等已经具备了一定认识，基本了解了它的发生和演变规律。例如，发生在堤基的松散层，渗漏部位埋深较浅，比较容易被人们探测确定，对它的认识比较深刻。对于主要受堤基深部基岩裂隙、溶蚀、断层、强风化带等渗流通道的影响，堤基渗流位置埋深大，检测难度高，且具有一定的隐蔽性，对它的危害性认识尚比较肤浅。

实际工程中的渗透变形位置不仅会发生在堤身、堤脚，也会发生在堤内和堤基。堤内发生的部位甚至可距离堤几百米远，如荆江大堤 1987 年发生在观音寺堤段的管涌就距离堤脚 400 多米，这类渗透变形由于位置距离堤坝较远，在巡查检测过程中经常会被巡检人员所忽视而留下事故隐患；而发生在堤基下的渗透变形由于产生于堤基深部，更加不易为人们及时发现和妥善处理，具有相当的隐蔽性。这种源自堤基深层的渗透变形对于堤防安全的不良影响必须引起足够重视。

研究表明，岩土体的裂隙、变形和渗透性之间有着密切的联系，在所有渗透变形的影响因素中，只有清楚地知道岩土体的渗透性质才能够对堤坝的其他运行条件做出更好的设计，因此岩土体渗透性质的研究是岩土工程渗流理论中极其重要的一个环节。

4.4　边坡的稳定性分析

土坡分为天然土坡和人工土坡。由于地质作用而自然形成的土质边坡，称为天然土坡，如山坡、江河的岸坡等；人们在修建各种工程时，在天然土体中开挖或在地面上用土填筑而形成的土质边坡，称为人工土坡，如渠道、土坝、基坑的边坡等。

土坡中的一部分土体对另一部分土体产生相对位移，或沿着一个滑动面旋转下滑，以至丧失原有稳定性的现象，称为边坡失稳或滑坡。软基上均匀土坝的边坡发生滑动之前，一般坡脚附近的地面有较大的侧向位移并有隆起，坡顶出现明显的下沉，并出现裂缝，随着坡顶裂缝的开展和坡脚侧向位移的增加，部分土体发生滑动，这类失稳的实例为旋转型滑坡；而沿着一个平面失稳的现象，称平面滑坡。土坝上游边坡透水坝壳因水位急速下降，或在边坡下部由于渗流常会产生这类失稳现象。

4.4.1 瑞典条分法与毕肖普法

瑞典条分法又称为费伦纽斯法，该法假定土坡沿着圆弧面滑动，并认为土条间的作用力对土坡的整体稳定性影响不大，可以忽略（由此而引起的误差一般在 10%～15% 之间），即假定土条两侧的作用力大小相等、方向相反且作用于同一直线上。瑞典条分法是条分法中最简单、最古老的一种。

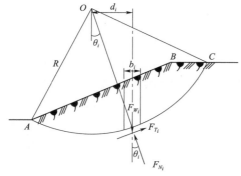

图 4.4-1 瑞典条分法的一般计算图式

瑞典条分法假设滑动面为圆弧面，将滑动体分为若干个竖向土条，并忽略各土条之间的相互作用力。按照这一假设，任意土条只受自重力 F_{w_i}、滑动面上的剪切力 F_{T_i} 和法向力 F_{N_i}，如图 4.4-1 所示。将 F_{w_i} 分解为沿滑动面切向方向分力和垂直于切向的法向分力，并由第 i 条土的静力平衡条件可得 $F_{N_i} = F_{w_i} \cos\theta_i$，其中，$F_{w_i} = b_i h_i \times \gamma_i$。

设土坡安全系数为 K_s，它等于第 i 个土条的安全系数，由库仑强度理论有

$$F_{T_i} = \frac{c_i l_i + F_{N_i} \tan\varphi_i}{K} \qquad (4.4-1)$$

式中：F_{T_i} 为土体 i 在其滑面的抗滑力；K_s 为土坡和土条的安全系数。按整体力矩平衡条件，滑动体 ABC 上所有外力对圆心的力矩之和应为 0。在各土条上作用的重力产生的滑动力矩之和为

$$\sum_{i=1}^{n} F_{w_i} d_i = \sum_{i=1}^{n} F_{w_i} R \sin\theta_i \qquad (4.4-2)$$

滑动面上的法向力 F_{N_i} 通过圆心，不引起力矩，滑动面上设计剪力 F_{T_i} 产生的滑动力矩为

$$\sum_{i=1}^{n} F_{T_i} R = \sum_{i=1}^{n} \frac{c_i l_i + F_{N_i} \tan\varphi_i}{K_s} R \qquad (4.4-3)$$

由于极限情况下抗滑力矩和滑动力矩相平衡；所以令上述两式相等，则

$$\sum_{i=1}^{n} F_{w_i} R = \sum_{i=1}^{n} \frac{c_i l_i + F_{N_i} \tan\varphi_i}{K_s} R$$

$$K_s = \frac{\sum_{i=1}^{n}(c_i l_i + F_{N_i} \tan\varphi_i)}{\sum_{i=1}^{n} F_{w_i} \sin\theta_i} \qquad (4.4-4)$$

这是最简单的条分法的计算公式。由于忽略了土条之间的相互作用力，所以由土条上的 3 个力 F_{w_i}、F_{T_i} 和 F_{N_i} 组成的力多边形不闭合，故瑞典条分法不满足静力平衡条件，只满足滑动土体的整体力矩平衡条件。尽管如此，由于计算结果偏于安全，在工程上仍有很广泛的应用。

瑞典法没有考虑土条之间力的作用。因此，对每一土条力和力矩的平衡条件是不满足的，只满足整个土体的力矩平衡。1955 年毕肖普考虑了条间力的作用，并假定土条之间的合力是水平的，导得的安全系数表达式为

$$F_s = \frac{\sum \frac{1}{m_{ai}} c_i b_i + (w_i + u_i b_i) \tan \varphi_i}{\sum w_i \sin \varphi_i + \sum Q_i \frac{e_i}{R}} \qquad (4.4-5)$$

式中：Q_i 为水平地震力，Q_i 到圆滑圆心的竖向距离为 e_i。

瑞典条分法与简化毕肖普法有很多相似点，两者计算原理均是假定滑动面为圆弧，且滑面为连续面；在公式推导过程中，均采用极限平衡分析条分法，假定滑坡体和滑面以下的土条均为不变形的刚体，并且其稳定安全系数以整个滑动面上的平均抗剪强度与平均剪应力之比来定义，或者以滑动面上的最大抗滑力矩 M_f 与滑动力矩 M 之比来定义。瑞典条分法不考虑土条之间的相互作用力，不满足每一土条的力及力矩平衡条件，仅满足整体力矩平衡条件，计算中运用了土条 i 的法向静力平衡条件、库仑强度理论、整体对滑弧圆心的力矩平衡。简化的毕肖普法在公式推导过程中使用了竖向力平衡的原理和力矩平衡原理，但公式推导后又忽略竖向力，这是毕肖普法与瑞典条分法最本质的区别。

4.4.2　无黏性土土坡稳定分析

由砂、卵石及风化砾石等无黏性土组成的边坡，其滑动面近似于平面，故常用直线滑动法分析其稳定性。

4.4.2.1　全干或全部淹没无渗流作用的土坡

无黏性土颗粒间无黏聚力，对全干或全部淹没的均质土坡来说，前者如土坝修筑时期的边坡、地下水位以上的开挖边坡；后者如蓄水时期土坝的上游边坡、水下的开挖边坡。对这些无黏性土构成的土坡来说，只要坡面的土颗粒能够保持稳定，那么，整个土坡便将是稳定的。图 4.4-2（a）为无渗流时一均质无黏性土坡，坡角为 β，现从坡面任取一小块土体，并把它看作是刚体来分析其稳定条件。设土块的重量为 W，它在坡面方向的分力是下滑力 $T_s = W \sin \beta$，在坡面法线方向的分力 $N = W \cos \beta$；阻止该土块下滑的力是小块土体与坡面间的摩擦力 $T_f = W \tan \varphi$，式中 φ 为土的内摩擦角。

（a）无渗流　　　　　　　　　　　　　　　（b）有渗流

图 4.4-2　无黏性土坡的稳定性

在稳定状态时，阻止土块滑动的抗滑力必须大于土块的滑动力，故用抗滑力与滑动力之比作为评价土坡稳定的安全度。这个比值常被称为土坡稳定的安全系数 F_s，即

$$F_s = \frac{\text{抗滑力 } T_f}{\text{滑动力 } T_s} = \frac{W\cos\beta\tan\varphi}{W\sin\beta} = \frac{\tan\varphi}{\tan\beta} \tag{4.4-6}$$

设计均质无黏性土简单边坡时，为了保证土坡稳定，必须使安全系数 F_s 大于 1 但太大又不经济，故 F_s 的具体取值须参照有关规范选择。

4.4.2.2　有渗流作用的土坡

对运行时期土坝的下游坡，水位下降后的土坝上游坡，或地下水位以下的基坑边坡等情况。由于有渗流，都会在土坡中形成渗流力，使得边坡稳定性降低，如图 4.4 - 2 （b）所示。沿渗流逸出方向产生渗流力 $j = i\gamma_w$，此时坡面上的土块 M（其体积为 V）除受到水的浮力外，还受到渗流力的作用，增大了该土块的滑动力，同时减少了抗滑力。因此，有渗流作用的无黏性土坡稳定的安全系数为

$$F_s = \frac{\text{抗滑力 } T_f}{\text{滑动力 } T_s} = \frac{[V\gamma'\cos\beta - i\gamma_w V\sin(\beta-\theta)]\tan\varphi}{V\gamma'\sin\beta + i\gamma_w V\cos(\beta-\theta)} \tag{4.4-7}$$

式中：θ 为渗流方向与水平线的夹角；γ' 为土的浮容重；γ_w 为水的容重；其他符号意义同前。

当渗流方向为顺坡面流出时，$\theta = \beta$，此时水力坡降 $i = \sin\beta$。将 θ 及 i 的值代入式 （4.4 - 7），得

$$F_s = \frac{\gamma'\cos\beta\tan\varphi}{\gamma'\sin\beta + \gamma_w\cos\beta} = \frac{\gamma'\tan\varphi}{(\gamma' + \gamma_w)\tan\beta} \tag{4.4-8}$$

由式 （4.4 - 8） 可见，无黏性土坡的安全系数在有渗流作用情况下要比无渗流作用情况下约降低 1/2。也就是说，无渗流时 $\beta \leqslant \varphi$，土坡是稳定的；有渗流作用时，坡度必须减缓，即坡角 $\beta \leqslant \arctan\left(\frac{1}{2}\tan\varphi\right)$ 时，才能保持稳定。

4.4.3　黏性土土坡整体圆弧滑动及条分法

4.4.3.1　整体圆弧滑动

均质黏性土边坡发生滑坡时，其滑动面形状常为一曲面，并近似于圆弧面，如图 4.4 - 3 所示。整体圆弧滑动法假设滑动面以上的滑动土体为刚塑性体，然后取滑动面以上该土体为脱离体，分析在各种力作用下的稳定性。

图 4.4 - 3 为一简单土坡，分析时先假定一个滑弧 ADC，其圆心在 O 点，半径为 R。滑动土体 $ABCD$ 在重量 W 作用下，将绕圆心 O 旋转而向下滑。因此，使该滑体绕圆心 O 下滑的滑动力矩 $M_s = Wd$。阻止滑体下滑的力是滑弧上的抗滑力，其值等于土的抗剪强度 τ_f 石与滑弧 ADC 长度 $\hat{L}$ 的乘积。故阻止土体 $ABCD$ 绕圆心向下滑动的抗滑力矩 $M_R = \tau_f \hat{L} R$。这两个力矩的比值称安全系数 F_s，即

$$F_s = \frac{M_R}{M_S} = \frac{\tau_f \hat{L} R}{Wd} \tag{4.4-9}$$

为保证土坡的稳定，F_s 必须大于 1.0。由

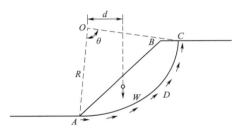

图 4.4 - 3　圆弧法的计算图式

于该方法首先由瑞典彼得森提出,故称瑞典圆弧法。

4.4.3.2 条分法

对于外形比较复杂,$\varphi > 0$ 的黏性土坡,特别是土坡由多层土构成时,要确定滑动土体的重量及其重心位置就比较复杂。滑动面上的抗剪强度又不一样,并且与各点的法向压力有关。针对此情况,费伦纽斯在土坡稳定性分析中提出将滑动土体分成若干垂直土条的条分法。该方法的具体步骤是:在图 4.4-4(a)中首先将滑动土体 $ABCD$ 分成若干等宽垂直土条,取其中第 i 条分析其受力情况;作用于土条上的力包括土条的自重 W_i,土条两侧的推力 P_i、P_i+1,条间切向力 H_i、H_i+1,以及土条滑弧面 $e-f$ 上的径向反力 N_i 和切向反力 T_i,如图 4.4-4(b)所示;然后,按静力学的平衡条件求解 N_i。由于 N_i 的数值是一个静不定问题,为解决此问题,必须补充计算条件,才能按式(4.4-9)求土坡稳定的安全系数。对此专家们进行了大量的研究工作,其中以费伦纽斯、毕肖普等对土条两侧力的大小和位置所做的假定比较简易,概念明确,分别为瑞典圆弧法与毕肖普法,前面已经介绍过,这就不再赘述。

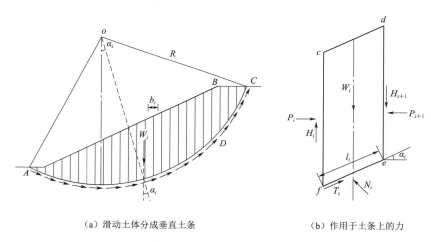

(a)滑动土体分成垂直土条　　　　　　(b)作用于土条上的力

图 4.4-4　条分法计算图式

4.4.4　非圆弧滑动面土坡稳定分析

以上介绍了圆弧滑动面土坡稳定性计算,实际工程中有不少情况滑动面的形状和圆弧面相差较远,如图 4.4-5 所示。此时土坡稳定性计算就不能采用圆弧滑动面。多年以来,对非圆弧滑动面的土坡稳定计算提出了多种方法,如简布的普遍条分法、摩根斯坦-普赖斯法、斯宾塞法、沙尔玛法、不平衡推力传递法、复合滑动面法等,这里简要介绍摩根斯坦-普赖斯法,使用其他方法计算时可参阅有关书籍,本书就不再介绍。

摩根斯坦-普赖斯法在分析任意滑动面的基础上,导出了满足力及力矩平衡的微分方程式,并假定两相邻土条法向条间力和切向条间力之间存在一对水平方向坐标的函数关系,根据整个滑动土体的边界条件,求出问题的解答。

《碾压式土石坝设计规范》(SL 274—2020)推荐该法,并在此基础上建立了具有普遍意义的极限平衡方程式。土条受力情况如图 4.4-6 所示。据力的平衡则有

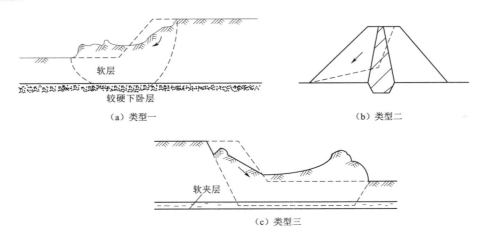

（a）类型一   （b）类型二

（c）类型三

图 4.4 - 5 不同类型非圆弧滑动面

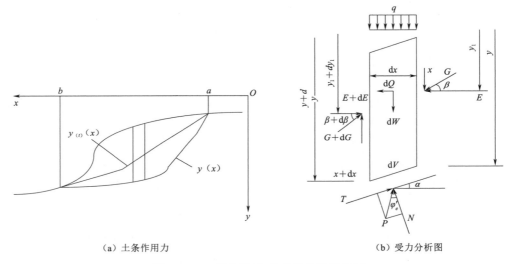

（a）土条作用力   （b）受力分析图

图 4.4 - 6 摩根斯坦-普赖斯法计算简图

$$\int_a^b p(x)s(x)\mathrm{d}x = 0 \qquad (4.4-10)$$

其中

$$p(x) = \left(\frac{\mathrm{d}W}{\mathrm{d}x} \pm \frac{\mathrm{d}V}{\mathrm{d}x} + q\right)\sin(\varphi'_e - \alpha) - u\sec\alpha\sin\varphi'_e + c'_e\sec\alpha\cos\varphi'_e - \frac{\mathrm{d}Q}{\mathrm{d}x}\cos(\varphi'_e - \alpha)$$

$$(4.4-11)$$

$$s(x) = \sec(\varphi'_e - \alpha + \beta)\exp\left[-\int_a^x \tan(\varphi'_e - \alpha + \beta)\frac{\mathrm{d}\beta}{\mathrm{d}\zeta}\mathrm{d}\zeta\right] \qquad (4.4-12)$$

$$t(x) = \int_a^x (\sin\beta - \cos\beta\tan\alpha)\exp\left[\int_a^x \tan(\varphi'_e - \alpha + \beta)\frac{\mathrm{d}\beta}{\mathrm{d}\zeta}\mathrm{d}\zeta\right]\mathrm{d}\xi \qquad (4.4-13)$$

据力矩平衡，则有

$$\int_a^b p(x)s(x)t(x)\mathrm{d}x - M_e = 0 \qquad (4.4-14)$$

$$M_e = \int_a^b \frac{\mathrm{d}Q}{\mathrm{d}x} h_e \mathrm{d}x = 0 \qquad (4.4-15)$$

$$c'_e = \frac{c'}{K} \qquad (4.4-16)$$

$$\tan\varphi'_e = \frac{\tan\varphi'}{K} \qquad (4.4-17)$$

$$\varphi'_e = \varphi'_e - \alpha + \beta \qquad (4.4-18)$$

式中：$p(x)$ 为土条底部各作用力在底面合力垂直方向上的分量；$t(x)$ 为垂直于土条侧向作用力合力方向的力臂；$\mathrm{d}x$ 为土条宽度；$\mathrm{d}W$ 为土条重量；q 为坡顶外部的垂直荷载；M_e 为水平地震惯性力对土条底部中点的力矩；$\mathrm{d}Q$、$\mathrm{d}V$ 分别为土条的水平和垂直地震惯性力（向上为负，向下为正）；α 为条块底面与水平面的夹角；β 为土条侧面的合力与水平方向的夹角；h_e 为水平地震惯性力到土条底面中点的垂直距离；c' 为土条底面的有效应力抗剪强度指标；u 为作用于土条底面的孔隙水压力。

（1）堤身结构型式。我国的堤防多为单一均质土堤，其中大多数为杂填土，如图 4.4-7 所示。由于沿堤取土不严格，有些堤防名为黏性土质堤，实际上多为杂填土，堤身填有

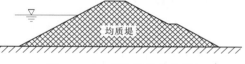

图 4.4-7　堤防结构示意图

黏性土也有砂性土，在堤身填土中还带有砖块、瓦片、煤渣、腐木、杂草、树枝等杂物。有的是未经碾压的堆土筑堤，有的虽经碾压也不密实，填土干密度有的仅 1.3t/m³ 左右，渗透系数有的仅为 $1 \times 10^{-3} \sim 1 \times 10^{-4}$ cm/s。由于堤的填土质量差，施工质量要求不严格，致使汛期堤后出现大量的散浸脱坡现象，这是堤防汛期出现险情较多的不正常的病态表现。根据长江中下游 1995 年大洪水堤防险情统计资料（表 4.4-1），堤后散浸脱坡在堤防险情中占 71.3%，可见比例之大。虽经最近几年，特别是 1998 年大水以后，我国大江大河堤防经过消险加固处理，部分堤防堤身采用垂直防渗或采用充填灌浆等方法处理，但限于投资等条件限制，大多数堤防未经处理。如松嫩干流堤防，大部分堤防是在原有病态堤防基础上加大高度和断面，但由于原有堤防存在隐患，虽经加高培厚，堤防仍不能安全消除隐患。

表 4.4-1　　　　　　　　1995 年汛期长江中下游堤防险情统计结果

险 情 类 别	堤后坡脚底面管涌	堤后散浸脱坡	崩 岸
数量/处	2956	9369	808
占比例数/%	22.5	71.3	6.2

（2）堤身填筑标准。

1）料场选择：根据设计文件对堤料的土质、天然含水量等要求，并结合运距、储量、开采条件等因素选定。杂质土、冻土块不能用于堤身填筑；淤泥土、膨胀土、分散性黏土等特殊土料不宜用于堤身填筑，若必须采用时，应有技术论证，并制定专门的施工工艺。

2）堤基清理：清理范围包括堤身、铺盖、压载的基面，其边界应在设计基面边线外 50cm。堤基表层不合格土、杂物等应予清除，堤基范围内的坑、槽、沟以及水井、地道、

墓穴等地下建筑物，应按设计要求处理。

3）堤身填筑：堤身填筑包括土料碾压筑堤、吹填筑堤和抛石筑堤。

土料碾压筑堤时，当地面起伏不平时，应按水平分层由低处开始逐层填筑，不允许顺坡铺填；堤防横断面上的地面坡度陡于 1∶5 时，应将地面坡度削至不陡于 1∶5。对老堤进行加高培厚处理时，应清除结合部位的各种杂物，将老堤坡铲成台阶状，再分层填筑、碾压。机械施工时，分段作业面长度不宜小于 100m；人工施工时，段长可适当减短。作业面应分层统一铺土、统一碾压，并配备人员或平土机具进行整平作业，不允许出现界沟。堤基上筑堤，如堤身两侧设计有平台时，堤身与平台应按设计断面同步分层填筑，新堤填筑时，不允许先筑堤身后筑平台。当已铺土料表面在压实前被晒干时，应采用铲除或洒水湿润等方法进行处理。堤身全断面填筑完成后，应做整坡压实及削坡处理，并对堤身两侧护堤地面的坑洼进行铺填和整平。

土料吹填筑堤时，宜采用挖泥船法和水力冲挖机组法两种。不同土质对吹筑填筑堤适用性的差异较大，无黏性土、少黏性土适用于吹填筑堤，用于老堤背水侧培厚加固更为适宜。流塑-软塑态中、高塑性的有机黏土，不应用于筑堤。软塑-可塑态黏粒含量高的壤土和黏土，不宜用于筑堤，但可用于充填堤身两侧的池塘洼地加固堤基。可塑-硬塑态的重粉质壤土和粉质黏土，适用于吹填筑堤。吹填用于堤身两侧池塘洼地的充填时，排泥管出泥口可相对固定。用于堤身两侧填筑加固平台时，排泥管出泥口应适时向前延伸或增加出泥支管，不宜相对固定；每次吹填层厚度不宜超过 1.2m，并应分段间歇施工，分层吹填。

抛石填筑时，如在水域或陆域软基地段采用抛石法筑堤，应先实施抛石棱体，再以其为依托填筑堤身闭气土方。实施抛石棱体时，在水域应在两条堤脚线处各做一道，在陆域可仅在临水侧的堤脚线处做一道。抛石棱体定线放样，在陆域软基地段或浅水域应插设标杆，间距以 50m 为宜；在深水域，放样控制点应专设定位船，并通过岸边架设的定位仪定位。抛填石料块重以 15～40kg 为宜，抛投时应大小搭配。当抛石棱体达到预定断面高程，并经沉降初步稳定后，应按设计轮廓将抛石体整理成型。

第 5 章

堤 防 工 程 防 汛 组 织

5.1 防汛抢险组织体系

5.1.1 组织结构

应急救援指挥机构一般设领导小组和办公室、工作组，有的还需要设后勤保障组。

领导小组设总指挥、副总指挥及成员，一般总指挥为分管领导或地方行政长官，设1人；副总指挥可为1名或多名，一般为某项工作的专业第一负责人；成员一般为各协调部门（单位）的行政负责人或分管领导；办公室一般设在应急管理部门，由应急管理部门的行政负责人担任。工作组根据险情的不同进行针对性的设置，一般均应设后勤保障组、专家组等。

5.1.2 防汛职责

领导小组属于决策机构，及时研究确定救援举措、政策。指挥长负责协调应急救援的各项工作，根据事故现场及现场外部信息，向应急救援人员下达有关命令。副指挥长负责组织成立应急救援指挥部，执行指挥长下达的各项命令，根据灾情事故的性质确定指挥部成员及分工，组织制定应急救援方案，并下达相关救灾命令；负责组织救援所需物资。领导小组成员是协调指挥长、副指挥长，根据部门（单位）的对口情况，提供应有的灾情救助，含救援人员、物资、机械等。

领导小组办公室是领导小组下设的一个处理日常事务的机构，负责收集汇总灾情信息，向指挥长报告灾情一线情况，执行指挥部发布各项命令。

工作组是针对灾情的某一方面开展的具体工作。如后勤保障组，是保证应急救援设施、设施、器材和通信工作畅通，保证所需的交通工具，以便及时运行人员和救援物资。专家组是负责调遣、派遣专家坐镇指挥中心指挥处理、现场处理救援的技术问题，同时负责专家组的一些日常生活、工作需要的协调工作。

5.1.2.1 中央职责

组织编制国家应急总体预案和规划，指导各地区各部门应对突发事件工作，推动应急预案体系建设和预案演练。建立灾情报告系统并统一发布灾情，统筹应急力量建设和物资储备并在救灾时统一调度，组织灾害救助体系建设，指导安全生产类、自然灾害类应急救援，承担国家应对特别重大灾害指挥部工作。指导火灾、水旱灾害、地质灾害等防治。

5.1.2.2 地方职责

执行上级应急管理部门及专业行政机构的任务、要求，组织编制本地区的应急总体预案和规划，指导下级各部门应对突发事件工作，推动应急预案体系建设和预案演练。建立灾情报告系统并统一发布灾情，统筹应急力量建设和物资储备并在救灾时统一调度，组织灾害救助体系建设，指导安全生产类、自然灾害类应急救援。

5.2 巡堤查险

落实好巡堤查险责任制、组织好巡堤查险队伍、认真贯彻巡查工作制度和保障措施、充分发挥巡查的作用是完成堤防防汛抗洪的基础。进入汛期，需根据当地防汛抗旱应急预案，做好巡堤查险的组织和防汛准备工作。一般巡堤查险的组织和管理主要内容见图 5.2-1。

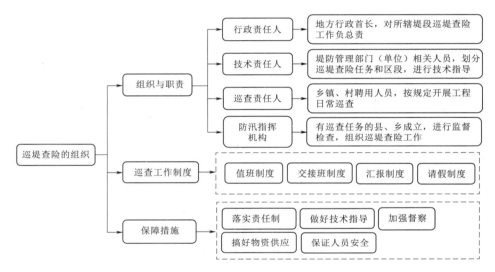

图 5.2-1 巡堤查险组织和管理内容构架图

5.2.1 职责任务

依据相关要求，巡堤查险实行岗位责任制，定岗定责、落实到人是巡堤查险的基本要求。

（1）落实责任制。巡堤查险工作实行各级人民政府行政首长负责制，统一指挥，分级分部门负责。各级人民政府行政首长为巡堤查险的行政责任人，行政责任人负责巡堤查险的组织工作。各级防汛抗旱指挥机构要加强巡堤查险工作的监督检查。堤防主管部门或单位的相关负责人为巡堤查险技术负责人。有巡查任务的基层组织的相关人员为巡查责任人。

每年汛前，各级防汛抗旱指挥机构要报请当地政府对本行政区巡堤查险责任人进行明确落实。各级行政责任人要对所辖区段巡堤查险工作负责，做好督促检查和思想动员工作。有巡堤查险任务的县、乡（镇）等各级防汛抗旱指挥机构，负责巡堤查险的领导和监督检查工作，并明确防汛抗旱指挥机构的主要领导负责组织巡堤查险工作。

（2）划分责任段。每年汛前，堤防工程管理部门（单位）负责划分巡堤查险任务和区段，报同级防汛抗旱指挥机构确定；或者由堤防工程管理部门（单位）与同级防汛抗旱指挥机构共同划分巡堤查险任务和区段。地方防汛抗旱指挥机构应按照管理权限组织巡堤查险队伍，并责成有关部门按照划定的任务和区段将巡堤查险队伍分组登记造册，明确巡查责任人和责任区段，每年汛前予以公示，并报上级防汛抗旱指挥机构备案。每个责任区段应至少配备1名专业技术人员，并在汛前对巡堤查险责任人、巡堤查险队员和专业技术人员进行上岗培训，掌握巡堤查险和应急处置相关知识，图5.2-2为江西省永修县九合乡九合联圩巡堤查险责任牌。

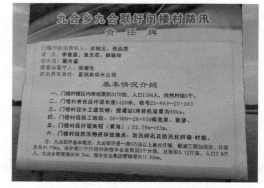

图5.2-2　九合联圩巡堤查险责任牌

（3）组织巡查队伍并登记造册。各乡（镇）以村、企业、街道等为单位，以党、团员为骨干，并吸收有防汛抢险经验人员参加，组织好巡堤查险队伍。巡堤查险以班为单位进行，巡查班每班人数视堤防等级高低、断面大小、质量好坏和水位高低等确定。每个责任区段可划分为若干巡堤查险组，根据水位变化确定巡查组每班人员，每个巡堤查险组应明确1位负责人（即组长，一般由基层干部或单位负责人担任），负责人应熟悉堤防情况，负责召集人员、跟班组织、带头巡查、填写记录和联络报告，巡堤查险人员必须具有高度责任心和一定巡堤查险经验。各村汛前将巡查班组人员按所辖巡查堤段落实到位，将带班班长、各班人员登记造册，报县（市、区）防汛抗旱指挥机构、乡（镇）防汛抗旱指挥机构留存备案。

（4）巡查责任人逐级落实。巡堤查险队伍要逐级落实，在汛前完成组建工作，并落实各级巡查队伍责任人，以保证各项任务、责任落到实处，并应将乡（镇）带班干部名单落实到位。

（5）技术培训。巡堤查险人员汛前应参加技术培训学习掌握巡堤查险方法、各种险情的识别和抢护知识，了解责任段的工程情况及抢险方案，熟悉工程防守和抢护措施。对巡查人员进行查险抢险知识培训，着重讲清巡查人员职责和渗水、管涌、滑坡、漏洞等堤防险情的类别、辨别方法及一般处理原则，使其了解不同险情的特点及应急处理办法，做到判断准确、处理得当。

（6）挂牌配标。巡堤查险期间，所有参与巡堤查险人员都要佩戴标志。不同职责的人可佩戴不同的标志，例如，防汛指挥人员佩戴"防汛指挥"袖标，县、乡带班人员要佩挂"巡查员"袖标，监督人员戴"监督"袖标，以强化责任，接受监督。

（7）其他单位和组织的职责。为了保障堤防的安全，除了防汛抗旱指挥机构组织的巡堤查险队伍外，堤防工程管理单位、防汛抢险救援力量需待岗，共同做好防汛抢险工作。

在汛期，堤防工程管理单位（包括穿堤的涵闸、泵站等涉水建筑物相应的管理单位）要严格防汛值班，落实防汛抢险责任制；确保通信畅通，密切注意水情，特别是洪水预报工作，严格执行上级主管部门的指令；严格请示、报告制度，贯彻执行上级主管部门的指令与要求；严格请假制度，管理单位负责人未经上级主管部门批准不得擅离工作岗位；加强工程的检查观测，掌握工程状况，发现问题及时处理；水闸、泵站引排水时，应有专人 24h 值班，并加强对泵站、水闸和水流状况的巡视检查；水闸、泵站引放水后，应对水闸进行全面检查，发现问题应及时上报并进行处理；对影响运行安全的重大险情，应及时组织抢修，并向上级主管部门汇报。

新的应急管理体系下，我国防汛抢险救援力量可分为 6 类：①工程管理单位防汛抢险队伍；②防汛抢险常备队、预备队；③地方各级防汛机动抢险队；④国家综合性应急救援队伍；⑤中国安能公司等中央企业工程应急力量；⑥解放军和武警部队。各类力量的调配需求根据洪涝灾害类型及发生时间、应急响应级别、水工程险情类型和严重程度等综合确定。

5.2.2　巡查内容

每年汛前，堤防管理单位要做好各项巡堤查险和抢险准备，开展清基除障，平整堤面和巡堤通道，清除堤身临水坡和背水坡高秆植物、杂草蔓藤等以及影响防汛通道畅通、影响巡堤查险的障碍物。巡堤查险的内容与要求见图 5.2-3。

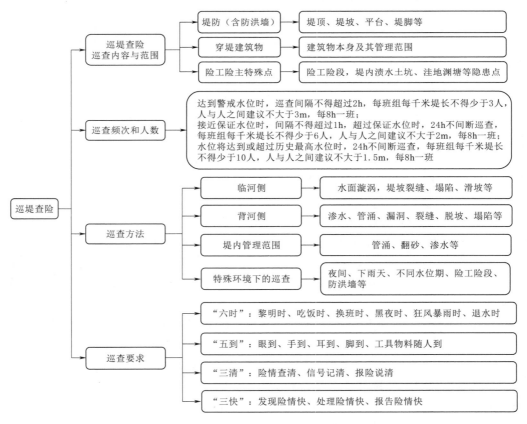

图 5.2-3　巡堤查险内容与要求构架图

（注：巡查的频次和人数也可根据实际情况进行调整）

巡堤查险包括对堤防（含防洪墙）及穿堤建筑物（构筑物）的巡查。

堤防的巡查范围包括迎水堤坡、堤顶、背水堤坡、压浸平台、堤脚、背水侧堤防工程管理和安全保护范围的区域及临水侧堤防附近水域、河岸。有的河段还应对临水侧岸滩进行巡查。

穿堤建筑物巡查范围包括建筑物本身及其管理范围区域等。

对险工险段、堤内溃水土坑、洼地渊塘、排灌渠道、建筑物、菜园庄稼地等容易出险又容易被忽视的地方，要适当扩大检查范围，并加强巡查力量，重点部位、薄弱环节要落实专人盯守。对分段结合部，相对两组要越界（10～20m）巡查。

5.2.3 巡查方式方法

在通常情况下，巡查按以下方法开展：

（1）巡查临水侧时，1人走临水侧堤肩，1人（或数人）拿铁锨走堤坡，1人手持探水杆顺水边走。沿水边走的人要不断用探水杆探测水下有无浪坎、跌窝等险情，同时观察水面起伏情况，分析有无险情。走堤坡的人注意察看水面有无旋涡等异常现象，并观察堤坡有无裂缝、塌陷、滑坡等险情发生。走堤肩的人要同时检查堤顶有无裂缝、塌陷、空洞等。在风大浪急、顺堤行洪或水位骤降时，要特别注意堤坡有无坍塌现象。

（2）巡查背水侧时，1人走背水堤肩，1人（或数人）拿铁锨走堤坡，1人走堤脚。走堤坡和堤脚的人员要观察堤坡及堤脚附近有无渗水、管涌、漏洞、裂缝、脱坡、塌陷等险情。走堤肩的人要同时检查堤顶有无裂缝、塌陷、空洞等。

（3）对背水堤脚外50～100m范围以内的地面及坑塘、沟渠，应组织专门小组进行巡查。检查有无管涌、翻砂、渗水等险情，并注意观测其发展变化情况。对淤背或修后戗的堤段，也要组织一定力量进行巡查。

（4）巡查穿堤建筑物时，应注意观察建筑物有无裂缝、倾斜、滑动，表面有无脱壳松动或侵蚀现象；检查穿堤建筑物与土堤结合部有无裂缝、渗漏、管涌、坍塌、水沟等现象；水闸工程还需要观察下游河道有无翻砂鼓水、翼墙有无明显变形、闸门及伸缩缝渗漏等。

（5）发现堤防险情后，应指定专人定点观测或适当增加巡查次数，及时采取处理措施，并向上级报告。

（6）每班（组）巡查堤段长一般不超过1km，可以去时巡查临水侧，返回时巡查背水侧。相邻责任段的巡查小组巡查到交界处，必须在巡查堤段的基础上互相交叉10～20m，以免疏漏。

（7）巡查时要呈横排走，不要呈单线走，走堤肩、堤坡和走水边堤脚的人齐头并进拉网式检查，以便彼此联系，如图5.2-4所示。

5.2.4 特殊环境下的巡查细节

（1）在夜间巡查时，应备足照明装备，穿反光背心，手持木棍及其他安全保护措施。巡查的速度应适当减慢，或适当增加组员。巡查人员应增强责任心，提高责任意识，仔细辨识堤防出现的各种情况，必要时用铁锨清除障碍观察异常现象，巡查过程中还需要特别

"四必须"
必须坚持统一领导、分段负责；
必须坚持拉网式巡查不遗漏，相邻对组越界巡查应当相隔至少20m；
必须坚持做到24h巡查不间断；
必须清理堤身、堤脚影响巡查的杂草、灌木等，密切关注堤后水塘

"六注意"
注意黎明时；
注意吃饭时；
注意换班时；
注意黑夜时；
注意狂风暴雨时；
注意退水时

"五部位"
背水坡；
险工险段；
砂基堤段；
穿堤建筑物；
堤后洼地、水塘

"五到"
眼到。密切观察堤顶、堤坡、堤脚有无裂缝、塌陷、崩垮、浪坎、脱坡、潮湿、渗水、漏洞、翻砂冒水，以及近堤水面有无小漩窝、流势变化。
手到。用手探摸检查。尤其是堤坡有杂草或障碍物的，要拨开查看。
耳到。听水声有无异常，判断是否堤身有漏洞，滩坡有崩坍。
脚到。用脚探查。看脚踩土层是否松软，水温是否凉，特别是水下部分更要赤脚探查。
工具到。巡堤查险应随身携带铁锹、木棍、探水杆

"三应当"
发现险情应当及时处置，一般险情随时排除，重大险情要组织队伍、专业处置、不留后患；
应当做好巡查记录，对出险地方做好明显标记，安排专人看守观察；
当地防汛指挥机构应当组织技术人员对出险地方组织复查，妥善处置

图 5.2-4 巡堤查险的"46553"要诀

关注白天发现的险情的变化情况。巡查人员需注意自身安全，组员之间要互相照应。

（2）雨天巡查时，应携带好雨具，脚穿雨鞋，手持木棍及其他安全保护措施。在雨天，堤防散浸、管涌等险情易受雨水影响而难于发现，巡查时应仔细查看。当散浸渗水较少而不明显时，应仔细查看渗出水流混浊度，一般从堤防渗出的水相对较清澈，而雨水随堤坡汇集后较混浊；当散浸、管涌明显携带泥沙，则说明渗水、管涌险情较严重。在雨天，脱坡、裂缝等险情易受雨水的影响而加重险情，必要时需派人值守。巡查人员注意自身安全，避免路滑落入水中或受伤，组员之间要互相照应。

（3）河道涨水初期应重点观察临水侧堤坡有无陡坎、跌窝、浪坎等险情，同时观察水面起伏情况，探明临水侧堤坡（滩地）有无滑坡、崩岸和漏洞。高洪水位期间应全面加密检查，此时堤身浸润线高、背水侧坡和堤脚一定范围内渗透比降大，容易发生险情；同时重点观察堤背水侧坡、坡脚及堤内渍水坑、洼地渊塘等地有无渗水、管涌、漏洞等险情，堤背水侧坡有无滑坡险情，有无漫顶险情，堤临水侧坡有无风浪冲刷险情。

（4）退水期堤身因前期长时间挡水而饱和，临水侧堤坡可能发生脱坡、崩塌等险情。

（5）巡查城市防洪墙时，巡查人员沿墙后呈横排走，应重点观察防洪墙脚趾处有无渗水、管涌、漏洞，防洪墙有无倾覆、滑动险情。对于渗水、管涌险情，要注意水流携带泥沙情况，假如水流混浊、泥沙量大，则说明险情较严重。城市防洪墙巡查时还需要重点关注防洪墙之间的接合部，这也是渗流的薄弱环节。

（6）对历史险工险段的巡查，要了解历史出险情况、险情原因、险情部位、治理措施，必要时派专人盯守。对于老口门堤段，应重点观察背水侧堤坡及坑塘是否出现渗水和管涌险情。对于管涌堤段，应重点观察背水侧堤坡、坡脚是否有明显集中渗水现象。对于卡口堤段，应重点观察堤前水面是否有漩涡、堤坡是否被冲刷、崩塌险情。对于病险穿堤建筑物堤段，应重点观察建筑物自身稳定，例如，裂缝、滑动等；或与堤防接合部是否有接触渗漏险情。对于严重缺陷堤段，存在堤身堤基土质不好，施工质量差的，应重点观察堤身是否有裂缝、脱坡、散浸等险情。

（7）对于水面开阔、风浪吹程远的湖泊、江河等堤防，巡查时应特别注意堤临水侧坡及水下有无浪坎，并注意自身安全，避免被风浪卷入水中。

巡查时要注意遵守以下事项：

（1）巡视查险必须昼夜轮班，并实行严格的交接班制度，上下班要紧密衔接。接班人要提前上班，与交班人共同巡查一遍。交班人应交代本班巡查的情况，特别是可能出现的问题，必须交代清楚。相邻班（组）应商定碰头时间，碰头时要互通情况。

（2）巡查、休息、交接班时间，由班（组）长统一掌握。巡查进行中不得休息，当班时间内不得离开岗位。

（3）巡查是以人的直观或辅以简单的工具，对险情进行检查分析判断，因此，必须增强责任心。

（4）班（组）检查交界处必须搭接一段，一般重叠检查 10～20m。

（5）检查中发现可疑现象时，应派专人进一步详细检查，探明原因，及时果断采取措施，并及时向上级报告情况。

图 5.2-4 是江西省水利厅经过多年工作实践，总结的巡堤查险的"46553"要诀。

5.3　值班值守和信息报送

5.3.1　值班值守

值班是防汛的基础性工作，是防汛信息传递、分析研判、组织协调的重要环节，是提升防汛管理能力与效率的关键环节，是实现防汛科学决策的重要途径之一，各级防汛指挥机构应建立防汛值班制度。

5.3.1.1　值班要求

（1）带班值班人员应严格遵守值班制度，汛期实行 24h 全天值班，按已明确的值班表按时到岗到位，不准空岗、离岗，恪尽职守，认真履职。如需调班或值班过程中确因事需短时离开值班室的，实行逐级报告制度，同意后方可调整。

（2）凡涉密文件材料处理必须做到密来密往，按照其密级按规定办理。

（3）值班人员接听电话要礼貌到位，简洁高效，铃响 3 声以内接听电话，不得占用防汛电话接打与工作无关的事，以免影响正常防汛信息的传送，不得从事与值班无关的工作。

（4）值班期间及值班前后 1 日内不准饮酒，值班期间不准进行与工作无关的其他娱乐活动。

5.3.1.2　值班职责

值班人员有带班领导、值班主任和值班人员，其具体职责如下：

（1）带班领导职责。带班领导对防办主任和防指领导负责。

1）总体掌握全域范围内的雨情、水情、工情、旱情、灾情和抢险救灾等情况。

2）对接收的各类文件、信息和电话，提出办理意见，特别重要事项，请示防办主任及防指相关领导决定。

3）审定值班信息、值班日志及工作短信息，签发有关文件。特别重要文件，审核后提交防办主任及防指相关领导签发。

4）根据降雨情况，督促基层带班领导落实防御措施。

5）接受或组织接受媒体采访，审定向媒体提供的防汛抗旱信息。

（2）值班主任职责。值班主任要对带班领导负责。

1）关注并掌握全省雨情、水情、工情、旱情、灾情和抢险救灾等情况。

2）对接收的各类信息和电话，向带班领导提出拟办建议，按照带班领导要求落实。

3）审核值班信息、值班日志、工作短信息及有关文件，交带班领导签发。

4）根据带班领导安排，为相关媒体提供许可范围内的防汛抗旱信息、落实媒体采访等。

5）完成带班领导布置的各项工作，并要及时反馈。

（3）值班人员职责。值班人员要对值班主任负责。

1）密切关注全省雨情、水情、工情、旱情、灾情和抢险救灾等情况。

2）及时接收处理各类文件、信息和电话，向值班主任报告，按照值班主任要求落实，做好登记和资料归档。

3）编制预警信息、值班信息、值班日志、工作短信及临时应急性有关文件，应呈值班主任审核。

4）根据值班主任要求，督促基层防办落实防御措施。

5）完成值班主任布置的其他工作，并应及时反馈。

5.3.1.3　主要任务

（1）密切关注天气形势。熟练运用防汛抗旱各类业务信息系统，及时主动收集汛情，适时查看雨情、水情、工情、墒情。当发生过程性降雨时，原则上要求每小时查看雨水工情不少于 1 次，遇短强降雨、预报河湖超警或调度水库超汛限时，要加密查看频次，如遇异常情况（江西省如 1h 降雨大于 30mm、2h 降雨大于 50mm、3h 降雨大于 80mm、连续 24h 降雨大于 100mm、河道水位发生超警戒水位、水库出现超汛限水位等），应及时报告相关领导，同时提交相关业务部门，并根据领导的要求和相关业务部门的意见及时处理并反馈。

（2）密切关注险情灾情，主动收集防汛动态。及时收集调度降雨区域险情、灾情、工程运行、群众避险转移、水工程调度及抢险救灾等防汛抗旱工作动态情况，做好记录，当发生工程（如堤防、水库、水闸、道路、桥梁、铁路、通信设施、电力设施等）险情、山洪灾害、城镇内涝受淹、因暴雨洪水导致人员被困及伤亡等灾害突发事件时，要及时核实情况，持续跟踪事件发展过程，按《洪涝突发险情灾情报告暂行规定》（国汛〔2020〕7 号）要求上报险情、灾情报表和文字材料。突发险情按工程类别分类报告，主要内容应包括防洪工程、重要基础设施、堰塞湖等的基本情况、险情态势、人员被困以及抢险情况等。突发灾情报告内容包括灾害基本情况、灾害损失情况、抗灾救灾部署和行动情况等。

（3）要及时接收掌握气象、水文、水利、自然资源、交通运输等相关行业（部门）及市、县（区、局、功能区）呈报的各类信息；经初步分析后分类提交相关业务部门，相关业务部门按程序提出处理意见后，负责处理意见落实。

（4）加强对水工程调度的跟踪督促，确保水工程调度命令精准落实，加强与水利、自然资源、交通运输、气象、水文等部门沟通联系，实现调度、险情、灾害等相关信息实时共享。

（5）要及时发布转移预警，当接收到气象、水文等部门发布的专业预警时，第一时间向下级防指及成员单位发送；当接收到气象、水文部门发送的过程强降雨、短历时降雨（6h、3h、1h）预报及江河湖超警戒洪水预报、中小河流预警时，要第一时间向涉及区域发送，同时，呈送相关业务部门分析研判，相关部门根据分析结果，编制预警信息，及时向相关区域发布群众转移避险预警。

（6）加强对相关成员单位防汛抗旱值班情况的督促检查，根据降雨水情工情及预警信息，督促基层落实防御措施，特别是落实山洪地质灾害群众转移措施。

（7）根据领导要求，落实相关会商、调度会议的会场安排、参会人员通知，联系督促保障中心落实视频保障等。

（8）每日值班信息编制及报送。以每天16时为时间节点，编发当日防汛值班信息；启动防汛应急响应时，以每天8时为时间节点，加编一期防汛值班信息；根据工作需要，可视情加编防汛值班信息。防汛值班信息的主要内容包括雨情、水情、灾险情及防汛工作动态等。

（9）来电来访来文处理。值班人员要实时做好来文来电来访处理及发文登记，重要来文来电来访及发文均要登记并要及时按规定处理。

（10）编制值班日志。每班值班人员在次日交班前应完成当日日志，值班日志内容包括天气概况、雨水工情、险情灾情、巡查抢险救援情况、领导指示批示、防汛抗旱工作动态、重要来文来电处理情况、厅级以上领导相关防汛抗旱工作活动、重要会议、突发事件处理、带班领导、值班主任、值班人员等信息，余留问题需交下一班处理。工作及其他事项形成纸质和电子文件归类存档。

（11）交接班。每天8时30分进行值班交接，正常工作状态下，交接班人员签字办理交接手续；预警备战状态以例会方式交接班，例会由前一班带班领导主持，两班带班领导、值班主任、值班人员均要到会，由前一班值班主任介绍情况。交班内容：介绍当日值班发生的主要情况、处理结果和遗留问题，指出下一班应关注的重点，交代待办事宜，交接待办事宜，签字交班；应急响应状态时交接班按照预案有关规定要求进行。

（12）值班信息管理。按照防汛抗旱信息归类，对已处理文件材料及时归档，包括纸质文件和电子文件归档管理。

5.3.1.4　值班知识

为确实做好汛期及其他洪涝灾害值班值守工作，值班人员应掌握了解必须的值班常识，主要包括信息接报、信息化平台应用及防汛相关基础知识。

（1）信息接报知识。这是指信息接收与报送程序、报送内容、报送联系方式、各地紧急联系人等，确保接收到的信息能及时报告、及时沟通。

（2）信息化平台应用知识。这是指信息化平台的使用，能从平台上读取、查询需要的信息，包括降雨情况、水位情况、受灾情况等。

（3）防汛基础知识。这是指洪涝灾害响应等级划分、条件，了解洪涝灾害的危害、降雨量、警戒水位、保证水位、汛限水位等汛情基础知识。

5.3.1.5　联合值守

联合值守是指汛期或其他特殊洪涝灾害时期，多部门联合开展值班值守工作，一般包括应急、水利、气象、水文等，部分地区根据职能分工、涉及灾害的风险因素等，可增加部门，如消防、公安、电力等。联合值守应明确各参与值班部门职责，值班人员信息共享，防汛汛情互通。

预报有强降雨过程，县级防汛抗旱指挥部（以下简称"防指"）要组织气象和水利（水文）、自然资源、住建、应急管理等行业主管部门联合值守，视情增加其他行业主管部门进驻；县级党委政府领导要及时进岗带班，安排部署人员转移避险等临灾风险防控工作。有关行业主管部门要加强值班值守、防汛相关设施设备检查调试等。乡镇（街道）、村（社区）要加强值班值守，严格落实领导带班。抢险救援队伍要加强值班备勤，视情做好预置。

5.3.2　信息报送

信息报送方式、内容各地有所不同，本节以江西省为例。

5.3.2.1　信息分类

（1）雨情信息。

1）定时报送：气象局汛期每天 9 时向防汛抗旱指挥部办公室（以下简称"防办"）提供过去 24h 全省气象台站的降水实况和至少未来 72h 降水预报。

2）滚动报送：当出现大暴雨并持续时，气象局滚动报送该区域每 3h 天气预报信息。

3）实测报送：不同地方降雨特点不同，以江西为例，当气象局实测降雨量 1h 超过 80mm、3h 超过 150mm、6h 超过 250mm 时，应及时报送防办；当水文部门实测降雨量 1h 超过 30mm、3h 超过 50mm、6h 超过 100mm 时，也应及时报送防办；如实测降雨量超 5 年一遇以上量级，需做出特别注明。必要时加密报送频次。

4）研判报送：当监测研判雨势较大，1h 降雨量超过 50mm 或 2h 降雨量超过 70mm 时，气象局、水文部门主动与防办相关负责同志联系对接。

5）短临报送：在预判有强降雨时，气象局要启动短时临近强降雨天气预报，并将有关信息及时报送。

（2）水情信息。水文部门局汛期每天 9 时向防办提供重要江河主要水文站点水情信息；当江河发生中、小洪水时，每 6h 报告一次水情，每 12h 发布一次洪水预报；当江河发生大洪水时，每 3h 报告一次水情，每 6h 发布一次洪水预报；当江河发生特大洪水时，每 1h 报告一次水情，每 3h 发布一次洪水预报。如遇超五年一遇以上标准洪水，要特别注明水位和流量值。必要时加密报送频次。当监测研判洪水持续上涨时，水文部门主动与防办相关负责同志联系对接。

（3）涝情信息。住房和城乡建设部门在设市城市发生严重城市内涝时，及时将内涝相关信息报送防办。

（4）风情信息。气象局负责提供台风位置、风速、移动方向、移动速度及发展趋势和对当地的影响程度等信息；自然资源部门负责提供风暴潮和海浪信息；水文部门负责提供入海河口水文站监测和预报等情况信息；当台风可能影响本省时，各单位及时报送防办。

（5）旱情信息。气象部门负责提供降雨等信息。水文部门负责提供监测范围内的降水量、主要江河水位流量、主要水库蓄水情况、土壤墒情等信息。水利部门负责监测主要取水口的取水量及水质状况等信息。农业农村部门负责监测耕地受旱等信息。各单位非汛期每月1日分别向防办报送本单位负责提供的信息。

（6）冻情信息。低温冰冻灾害防御期间，气象局每周一向省防汛防旱防风指挥部办公室（以下简称"三防办"）提供全省过去一周气温监测情况和未来至少一周预测预报结果。自然资源部门及时向防办报送海水低温的监测和预报情况。

（7）山洪、地质灾害信息。水利部门、自然资源部门及时向防办提供山洪、地质灾害等相关信息，密切监视可能发生山洪、地质灾害的危险区域，及时发布预警。

（8）防洪工程信息。水利部门及时向防办提供主要堤防、涵闸、泵站、水库、拦河坝等水利工程调度、运行或出险情况。大江大河干流重要堤防、涵闸和水库等出现重大险情的，应在收到险情报告后1h内报送防办。

（9）险情信息。因水旱风冻灾害引发工程出险时，工程管理单位或其上级主管部门在1h内报送出险工程情况。当区域发生工程险情时，所在地的地级以上市三防指挥部每天12时前向省三防办（省应急管理厅）提供工程出险情况。省防总成员单位、各地级以上市三防指挥部及时续报险情核实、处置等情况。

（10）灾情信息。防指成员单位、防指挥部及时收集、核查、统计本行业（系统）、本辖区的水旱风冻灾情并向上级防办报送；对于重大灾情，要在灾害发生后1h内将初步情况报送省三防办（省应急管理厅），并做好滚动续报。

（11）蓄滞洪区预警。当需启用蓄滞洪区时，当地人民政府和三防指挥机构立即启动预警系统，广泛发布，不留死角，按照安全转移方案实施人员转移。

（12）公众信息发送。电视、广播、电台、网站、报刊、微信、微博、喇叭等渠道管理运营单位及时对社会公众发布受影响地区三防指挥机构或者有关部门发布的防汛、防旱、防风、防冻相关信息，视情提高播发频次。突发事件预警信息发布中心及时组织发布预警信息。通信运营商根据省防总的要求，及时向手机用户发送预警和防御指引信息。

1）防汛抗旱公众信息交流实行分级负责制，一般公众信息由本级防汛抗旱指挥机构负责人审批后，可通过媒体向社会发布。

2）当发生大范围的流域性降水，长江九江段、鄱阳湖和赣、抚、信、饶、修五河及其一级支流发生超警戒水位以及暴雨引发的山洪造成严重影响或出现中度干旱时，防办统一发布汛情、旱情通报。

3）防汛抗旱的重要信息交流，实行新闻发言人制度。经本级人民政府同意，由防汛抗旱指挥机构指定的发言人，通过防汛信息网和新闻媒体统一向社会发布。

5.3.2.2　信息采集、获取

信息采集是信息报告的第一关卡，险情发生的第一时间内及时报告是争取抢护的最佳时机，创新基层网格员管理体制机制，即县级人民政府在推行安全风险网格化管理时，要统筹灾害信息员、群测群防员、气象信息员、综治网格员等资源，建立统一规范的基层网格员管理和激励制度，实现社区、村网格员全覆盖、无死角，同时承担风险隐患巡查报告、突发事件第一时间报告、第一时间先期处置、灾情统计报告等职责。

应对突发事件主要牵头部门要建立健全信息快速获取机制，完善突发事件信息报送和信息共享系统，融合相关部门、地方的应急基础信息地理信息应急资源信息、预案和案例信息、事件动态信息等，为突发事件应对提供信息保障。公民、法人和其他组织获悉突发事件信息的，应当立即向所在地人民政府、有关主管部门或者指定的专业机构报告。

5.3.2.3 常规险情信息报送

汛期值班期间，无洪涝灾害，值班属日常值班，报送信息主要为雨情、水情、风情。

5.3.2.4 突发险情信息报送

当出现洪涝灾害或台风灾害等时，报送的信息主要有雨情、水情、涝情、风情、山洪地质灾害、防洪工程、险情、灾情及公众信息等；当出现冰冻灾害时，增加冰冻信息报送；当出现旱灾时，增加旱情信息报送。

为合理应对突发事件，应建立突发事件的报告、报送机制，主要有以下几点：

（1）突发事件报告机制。突发事件信息报告遵循"分级负责、条块结合、逐级上报、必要时可越级上报"的原则，各级各有关单位、部门、企业基层组织不得迟报、谎报、瞒报和漏报突发事件信息。发生突发事件或发现重大风险、隐患后，基层网格员和有关社区、村、企业、社会组织及相关专业机构、监测网点等要及时向所在地人民政府及其有关主管部门报告信息。县级以上人民政府及其有关部门在接到突发事件信息后，要按照"首报快、续报准。终报全"的原则。根据有关规定向上级人民政府及其相关部门报告，涉及自然灾害、事故灾难的突发事件信息还应当同时抄送应急管理部门，涉及公共卫生事件的要同时抄送卫生健康部门，涉及社会安全事件的要同时抄送公安部门。有关部门要及时续报事态进展和处置等有关情况，同时通报可能受影响的地区、部门和企业。

（2）重特大突发事件信息和敏感事件信息报送。省级政府及其有关部门要全面掌握特别重大、重大突发事件信息，了解较大突发事件信息，按国家有关规定上报信息。对重特大突发事件、敏感性突发事件或可能演化成重特大突发事件的，事发地市、县级人民政府及其有关部门可直接向省政府及其有关部门报告。

（3）突发事件信息通报机制。当出现突发事件时，应按照相关规定办理，如突发事件涉及或者影响到本省行政区域外的，由省政府及时与所涉及或者所影响的省政府取得联系，通报有关情况。

5.3.3 信息共享

信息共享包括政府相关部门的信息共享和信息社会共享，前者是为更好地应急处理险情，颁发突发事件应对政策；后者是涉及安全事故的人民群众有知情权，且在知道信息后及时立足自身采取相应的应对紧急应对措施。

5.3.3.1 部门之间的信息共享

信息采集部门事先针对本部门采集的信息内容、范围等明确信息报送对象、时限、标准；信息接收部门按照部门职责，在接收到信息后，事先区分信息类型，明确信息报送对象、时限和标准等。应急部门统筹信息报告的体制机制，理顺报送程序，确保信息共享能"预、快、准、好"。

5.3.3.2　信息社会化共享

针对应及时向社会发布的信息，应有新闻的发布机制，通过政府公报、新闻发布会、新闻通稿、政府网站、宣传单手机短信在第一时间向公众公开事件发生的实情及政府处置过程和结果，做到及时与公众共享政府处置突发事件的信息，以尊重并保护公众的知情权。

5.4　汛后维护

5.4.1　指标任务

灾情统计的任务是为及时、准确、客观、全面地反映洪涝灾害情况和救援救灾工作情况，为灾害防范救援救灾等应急管理工作和其他有关工作提供决策依据。

洪涝灾害灾情统计的指标主要包括灾害发生时间、灾害种类、受灾范围、灾害造成的损失以及救灾工作开展情况和受灾人员冬春救助情况。统计范围包括本级行政区域内的常住人口和非常住人口，以及农垦国有农场、国有林场、华侨农场中的人员。

5.4.2　台账管理

规范灾情台账管理。灾情台账是实施灾后救助的主要依据，各级灾害信息员对于因灾死亡失踪人员和房屋倒塌情况，应按照灾情统计制度要求，及时填报《因灾死亡失踪人口一览表》《因灾倒塌损坏住房户一览表》等相关表格，加强台账管理。灾害信息员应按照"国家自然灾害灾情管理系统"规定格式和要素填报各项信息，包括灾害发生时间、地点、灾种、影响范围、灾情损失、因灾死亡失踪人员台账（要有具体死亡失踪原因描述）、灾害发展趋势、处置情况、拟采取措施和下步工作建议等要素。

5.5　应急响应

国家防汛应急响应，是按照《中华人民共和国防汛条例》和国务院"三定方案"的规定，由国家防汛抗旱总指挥部（以下简称"国家防总"）在国务院领导下，负责领导组织全国防汛工作的应急响应机制。国家防汛应急响应级别分为Ⅰ、Ⅱ、Ⅲ、Ⅳ四级，其中Ⅰ级为最高级别。

5.5.1　Ⅳ级响应

5.5.1.1　出现下列情况之一者，为Ⅳ级响应

（1）数省（自治区、直辖市）同时发生一般洪水。

（2）大江大河干流堤防出现险情。

（3）大中型水库出现险情。

5.5.1.2　Ⅳ级响应行动

（1）国家防总办公室常务副主任主持会商，做出相应工作安排，加强对汛情的监视和对防汛工作的指导，并将情况上报国务院并通报国家防总成员单位。

（2）相关流域防汛指挥机构加强汛情监视，做好洪水预测预报，并将情况及时报国家防总办公室。

（3）相关省（自治区、直辖市）的防汛指挥机构具体安排防汛工作；按照权限调度水利、防洪工程；按照预案采取相应防守措施；派出专家组赴一线指导防汛工作；并将防汛的工作情况上报当地人民政府和国家防总办公室。

5.5.2　Ⅲ级响应

5.5.2.1　出现下列情况之一者，为Ⅲ级响应

（1）数省（自治区、直辖市）同时发生洪涝灾害。

（2）一省（自治区、直辖市）发生较大洪水。

（3）大江大河干流堤防出现重大险情。

（4）大中型水库出现严重险情或小型水库发生垮坝。

5.5.2.2　Ⅲ级响应行动

（1）国家防总秘书长主持会商，做出相应工作安排，密切监视汛情发展变化，加强防汛工作的指导，在2h内将情况上报国务院并通报国家防总成员单位。国家防总办公室在24h内派出工作组、专家组，指导地方防汛工作。

（2）相关流域防汛指挥机构加强汛情监视，加强洪水预测预报，做好相关工程调度，派出工作组、专家组到一线协助防汛。

（3）相关省（自治区、直辖市）的防汛指挥机构具体安排防汛工作；按照权限调度水利、防洪工程；根据预案组织防汛抢险，派出工作组、专家组到一线具体帮助防汛工作，并将防汛的工作情况上报当地人民政府分管领导和国家防总。省级防汛指挥机构在省级电视台发布汛情通报；民政部门及时救助灾民。卫生部门组织医疗队赴一线开展卫生防疫工作。其他部门按照职责分工，开展工作。

5.5.3　Ⅱ级响应

5.5.3.1　出现下列情况之一者，为Ⅱ级响应

（1）一个流域发生大洪水。

（2）大江大河干流一般河段及主要支流堤防发生溃口。

（3）数省（自治区、直辖市）多个市（地）发生严重洪涝灾害。

（4）一般大中型水库发生垮坝。

5.5.3.2　Ⅱ级响应行动

（1）国家防总副总指挥主持会商，做出相应工作部署，加强防汛工作指导，在2h内将情况上报国务院并通报国家防总成员单位。国家防总加强值班，密切监视汛情和工情的发展变化，做好汛情预测预报，做好重点工程的调度，并在24h内派出由防总成员单位组成的工作组、专家组赴一线指导防汛。国家防总办公室不定期在中央电视台发布《汛情通报》。民政部门及时救助灾民。卫生部门派出医疗队赴一线帮助医疗救护。国家防总其他成员单位按照职责分工，做好有关工作。

（2）相关流域防汛指挥机构密切监视汛情发展变化，做好洪水预测预报，派出工作

组、专家组，支援地方抗洪抢险；按照权限调度水利、防洪工程；为国家防总提供调度参谋意见。

（3）相关省（自治区、直辖市）防汛指挥机构可根据情况，依法宣布本地区进入紧急防汛期，行使相关权力。同时，增加值班人员，加强值班。防汛指挥机构具体安排防汛工作，按照权限调度水利、防洪工程，根据预案组织加强防守巡查，及时控制险情。受灾地区的各级防汛指挥机构负责人、成员单位负责人，应按照职责到分管的区域组织指挥防汛工作。相关省级防汛指挥机构应将工作情况上报当地人民政府主要领导和国家防总。相关省（自治区、直辖市）的防汛指挥机构成员单位全力配合做好防汛和抗灾救灾工作。

5.5.4　Ⅰ级响应

5.5.4.1　出现下列情况之一者，为防汛Ⅰ级响应

（1）某个流域发生特大洪水。

（2）多个流域同时发生大洪水。

（3）大江大河干流重要河段堤防发生溃口。

（4）重点大型水库发生垮坝。

5.5.4.2　Ⅰ级响应行动

（1）国家防总总指挥主持会商，防总成员参加。视情启动国务院批准的防御特大洪水方案，做出防汛应急工作部署，加强工作指导，并将情况上报党中央、国务院。国家防总密切监视汛情和工情的发展变化，做好汛情预测预报，做好重点工程调度，并在24h内派专家组赴一线加强技术指导。国家防总增加值班人员，加强值班，每天在中央电视台发布《汛情通报》，报道汛情及抗洪抢险措施。财政部门为灾区及时提供资金帮助。国家防总办公室为灾区紧急调拨防汛物资；铁路、交通、民航部门为防汛物资运输提供运输保障。民政部门及时救助受灾群众。卫生部门根据需要，及时派出医疗卫生专业防治队伍赴灾区协助开展医疗救治和疾病预防控制工作。国家防总其他成员单位按照职责分工，做好有关工作。

（2）相关流域防汛指挥机构按照权限调度水利、防洪工程；为国家防总提供调度参谋意见。派出工作组、专家组，支援地方抗洪抢险。

（3）相关省（自治区、直辖市）的流域防汛指挥机构，省（自治区、直辖市）的防汛指挥机构启动Ⅰ级响应，可依法宣布本地区进入紧急防汛期，按照《中华人民共和国防洪法》的相关规定，行使权力。同时，增加值班人员，加强值班，动员部署防汛工作；按照权限调度水利、防洪工程；根据预案转移危险地区群众，组织强化巡堤查险和堤防防守，及时控制险情。受灾地区的各级防汛指挥机构负责人、成员单位负责人，应按照职责到分管的区域组织指挥防汛工作，或驻点具体帮助重灾区做好防汛工作。各省（自治区、直辖市）的防汛指挥机构应将工作情况上报当地人民政府和国家防总。相关省（自治区、直辖市）的防汛指挥机构成员单位全力配合做好防汛和抗灾救灾工作。

5.6　防汛信息化系统

加强防汛抗旱的信息化管理是水利工作的需要，也是顺应时代发展的必然选择。因此，如何根据具体情况，分析存在的问题，采取合理的措施，运用通信技术、卫星遥感、GPS 等先进技术，更全面、更科学、更有效地监测灾情，减少和避免灾情发生的概率，保证水利工程建设的顺利进行。

5.6.1　防汛指挥决策系统

防汛抗旱指挥系统是防汛抗旱的枢纽，通过对各种防汛抗旱信息的采集、分析、预测，制定出切实可行的防汛抗旱方案，提早进行预防，减少和避免灾害的发生，为水利工程施工建设提供参考，保证施工安全；为防汛抗旱决策提供真实可靠的科学的依据。

5.6.1.1　基本构成

根据实际需要和功能，系统包括通信网络、信息采集、洪水预报、抗旱预报几个不同的组成部分。通信网络主要功能是利用网路技术和通信卫星平台，把各种信息通过音频、视频、图片等方式在指挥中心和各地监测中心之间进行传输。传感器是信息采集子系统的重要组成部分，它能够把采集的信息转换成能够测量和保持的电信号，其中的报警装置，能够通过采集信息的情况发出预警信号，为抢险工作争取宝贵的时间。在设计信息采集子系统时要确保所采集的旱情、雨情、雪情和灾情等信息的真实、准确、可靠，为防汛抗旱决策提供科学的依据。抗旱预报子系统通过数据库的平台，在数据信息存储过程中，根据采集的数据对旱情进行合理的划分，进而对旱情可能的变化进行预测和评估，以便更快、更早地预报旱情，并能对农作物的生长和经济效益预测分析，通过抗旱措施为农业生产提供保障。洪水预报子系统能对防洪重点区域准确地进行预报。

5.6.1.2　充分运用指挥系统移动端

随着网络的全球化和智能手机的普及，移动互联网和人们的关系越来越密切，一部手机就能完成购物、看新闻、影像、收集资料、信息交流、办公等多种事宜，手机是人们生活中的一部分，对人们的生活有着重要意义。手机等移动端具有携带方便、功能齐全等特点，防汛抗旱指挥系统应充分利用移动端优势，把指挥系统的一些功能和业务和移动端相关联，使手机等为指挥工作服务，更好地适应环境恶劣的工作条件，使指挥工作更具时效性。

5.6.2　防汛信息报送系统

水文档案是对以往水文信息的真实记录，对防汛抗旱有重要的指导意义，因此，加强水文档案信息化的重要性更加凸显。档案归档是一项艰辛而细致的工作，根据已存档案的存档时间、来源、流域等运用软件进行筛选、整理、妥善归档，使水文档案更规范、更完备，更便于调阅和查找，发挥其应有的作用。要根据水文的实际情况，提高档案管理的数字化程度，设置高配置的服务软件及信息传输浏览系统，进而实现采集、处理、运用一体化的水文档案信息管理体系。加强信息中心和基层测站的联系，通过信息系统把各个水文测站测取的文字、图像、数字信息，同步传输到信息中心，运用软件系统把信息进行分析和归类，及时归档。通过网络的实时对接，实现与上级部门、地方防汛抗旱指挥中心部门的水文档案信息传输和交流。

第 6 章

堤防工程险情巡测探测装备及技术

6.1 监测预警预报新技术装备

监测预报预警是洪涝灾害应急管理工作的尖兵和耳目，在历次的洪涝灾害应急处置工作中取得了显著经济效益和社会效益。及时掌握基础地形资料，监测流域暴雨洪水信息，准确预测预报洪涝灾情发展变化过程，对实施合理的防御措施和降低灾害损失具有重大作用。近年来，监测预警预报新技术和相关设备装备得到快速发展，全极化测雨雷达技术、多普勒流速仪、雷达测速仪、图片和视频监控智能化识别技术、全要素水文监测技术、山洪预报预警技术、激光测量技术等先进技术逐步进入了实践应用阶段。这些先进的监测预警预报技术和设备均具有独特的优势和特点，可在今后的洪涝灾害应急处置中进行推广应用。

6.1.1 全极化测雨雷达

目前我国已建测雨雷达站多为 S 波段、C 波段，且大多建在中东部平原区，针对山区降水监测仍存在观测范围有限、测量精度低、空间分辨率低、不能探测空间降水的精细结构问题。现有的常规测雨雷达只利用了单极化下的幅度信息，识别降水结构的能力有限，无法从根本上改善对降水过程的测量精度。相比于常规测雨雷达，全极化雷达技术难度最高，要求能够同时发射 H 和 V，即 HH、HV、VV、VH4 种极化方式，可以得到任意极化状态下的目标散射回波，从而消除目标识别的不确定性。全极化雷达提供监测目标的极化散射矩阵，从而提供了相应观测条件下的目标电磁散射全部信息，极大地扩展了监测目标信息源。同时，全极化在源干扰和环境杂波的环境中具有更好的适应性，相比于常规探测方式具有很大的应用优势。全极化测雨雷达能够探测降水类型及粒子大小、单位体积粒子数及介电常数，利用差传播相移及差传播相移率进行衰减订正，基于退偏振因子和差分反射率因子识别降水及云中水凝物粒子相态等。

针对山丘区暴雨洪水监测预警需求，中国水利水电科学研究院在河南栾川县全国山洪灾害防治试验示范基地建设了 X 波段全极化天气雷达降水观测系统，研究全极化调频连续波（FMCW）测雨雷达在小流域暴雨山洪预报预警中的应用，主要包括 X 波段测雨雷达系统业务化运行、降雨数据实时反演与存储、基于雷达测雨数据的小流域山洪灾害预报预警系统研发等工作。该系统包括 1 台 QX - 60 全极化多普勒天气雷达（图 6.1 - 1）与 1 台控制与处理计算机，通过 QX - 60 软件客户端，设置雷达参数，实现雷达扫描控制，

并可以通过 QX-60 软件进行数据处理（图
6.1-2～图 6.1-4）。QX-60 测雨雷达采用
固态放大器（10W 发射功率），具有极高的
距离分辨率和灵敏度，在调频连续波模式操
作中实现 60km 范围内的高灵敏度降水监测。
在雷达网络中不仅可以监测到小雨、中雨、
暴雨，甚至可以监测到细雨及垂直向上的降
水结构，同时能够监测二维风向。QX-60
雷达扫描策略灵活，无距离盲区，因而可在
复杂区域、人口密集区域进行高精度降水监
测，从而改善城市降水管理和洪水预测效
果，QX-60 同样适用于山区洪水监测预警。

图 6.1-1　栾川基地 QX-60 测雨雷达设备

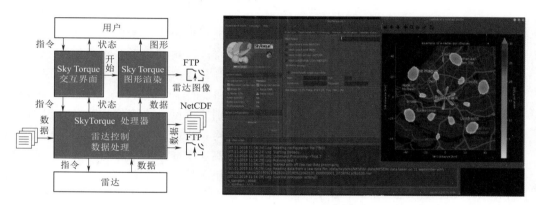

图 6.1-2　雷达数据处理流程及软件界面

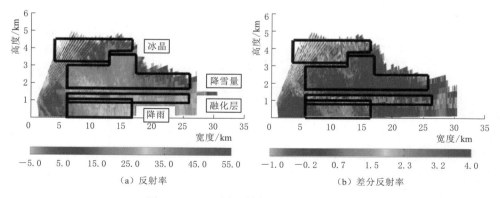

（a）反射率　　　　　　　　　（b）差分反射率

图 6.1-3　不同反射率下雷达降水特征

6.1.2　视频流速水位智能监测

针对河道水情实时监测和精细化预报需求，中国水利水电科学研究院研发了基于人工
智能和视频图像的非接触式水位-流速-流量一体化实时监测系统。

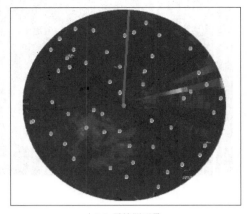
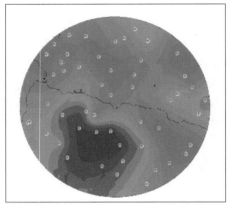

（a）雷达测雨量　　　　　　　　　　　　　　（b）站点雨量

图6.1-4　雷达测雨量和站点雨量对比图

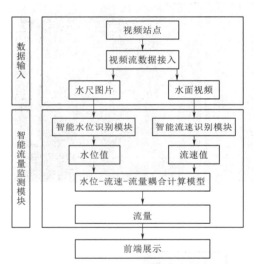

图6.1-5　水位-流速-流量一体化实时
智能监测技术

该系统利用智能流量监测模块，通过从河道站点摄像机视频流中提取水尺图片和水面视频，筛选符合要求的数据，分别传入智能水位识别模块和智能流速识别模块（图6.1-5）。智能水位识别模块可对获取到的彩色水尺图像使用加权平均算法进行灰度化，然后采用金字塔匹配算法实现水准尺读数的自动识别。智能流速识别模块采用时空图像测速法（STIV），利用与水流方向平行的检测线集中的亮度变化随着时间变化产生的时空图像（STI），根据时空图像上解析条纹图像的梯度（距离/时间）实现对河道的流速测量。识别出当前水位和流速后，根据水位-流速-流量耦合计算模型，计算出流量，并将水位值、流速值、流量值在前端进行展示，进而可实时地对当前流域洪水风险进行分析和预报。

该系统能够利用摄像头回传的视频图像数据实时解析出河道的流速、水位、流量，水位识别系统识别绝对误差在±5cm以内，流速识别系统识别绝对误差在0.05~0.2m/s以内，流量计算模型相对误差在5％以内。相应产品在北京市、浙江、广西等地区的河道监测中进行了应用，效果良好，如图6.1-6所示。

6.1.3　堤坝溃口应急测报技术

当洪水超过堤防的抗御能力，或者汛期堤防险情发现不及时、抢护措施不当时，小险情演变成大险情，堤防遭到严重破坏，造成堤防决口。堤防一旦发生决口，不仅会对社会造成极大危害，损失惨重，还会造成严重的生态灾难，对区域社会经济发展造成长期的严重影响。堤防一旦发生溃决，应视情况尽快进行处置，尽最大努力减小灾害损失。在进行溃口应急处置前，需全面掌握溃口的水文、地形资料，可采取相应的应急测报技术快速获取这些基础信息。

6.1.3.1　水文信息应急测报

水文信息获取的目的是为应急指挥决策提供可靠数据，同时也为水文预报、水文及水力学计算、科研等提供基本资料。流量信息获取可以根据断面及水流条件可选用涉水测验、电波流速仪测验和浮标法进行测验。对于水深较大的情况可采用声学多普勒流速仪测量流速及回声仪测水深来确定流量。溃口水面流速可采用电波流速仪测量，断面水深可采用超声波测深仪测量，结合手持红外测距仪测量起点距，分析计算断面流量。

（1）数字测深仪。数字测深仪是采用声波反射原理来测量水深，如图 6.1-7 所示。数字测深仪发射脉冲信号，由换能器将电能转换成声能并向水底发射，声能以回波的形式从水底返回，并通过换能器转换成电能，供给电子线路进行处理运算后，通过液晶屏和记录纸表示出水深结果，其特点是高效、准确。

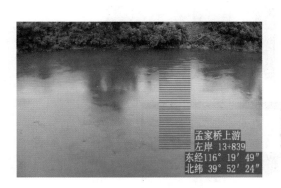

图 6.1-6　基于人工智能和视频图像的一体化
水情实时监测系统在北京市的应用实例

图 6.1-7　数字测深仪

（2）电波流速仪。电波流速仪的测量原理主要是利用多普勒频移效应测量水面流速，无须接触水体，便可较为快速高效地进行流速测验，如图 6.1-8 所示。测量人员只需站在岸上相对安全的地点，用仪器扫射水面，即可得到水面流速，非常适用于不与水体接触的应急流量监测。采用电波流速仪施测流速，可推算出断面流量。堤防溃口处流速变化均比较大，溃口随时会发展变化，随时存在崩塌的危险。该仪器采用无接触测流，不受含沙量、漂浮物影响，具有操作安全，测量时间短，速度快等优点，非常适合溃口流速监测要求。

图 6.1-8　电波流速仪

6.1.3.2 地形信息应急测量

采用传统的地形测量方法难以安全到达目标测量点。三维激光扫描技术是一种先进的全自动高精度立体扫描技术，采用非接触主动测量方式直接获取高精度三维数据，能够对任意物体进行扫描，且没有白天和黑夜的限制，快速将现实世界的信息转换成可以处理的数据，极大降低了成本和时间，使用方便，克服了传统方法的缺点，可安全地对口门宽及溃口水位进行监测。目前应用的三维激光扫描系统从扫描的空间位置来看，大致可以分为机载型激光扫描系统（LIDAR）、地面型激光扫描仪系统、手持型激光扫描仪，如图6.1-9所示。

（a）设备外观 　　（b）触控屏实时预览

（c）配套后处理软件

图6.1-9　GoSLAM系列移动扫描仪

GoSLAM系列的移动三维扫描仪采用激光实时定位与建图技术（simultaneous localization and mapping，SLAM），在室内外空间等未知环境移动中，进行自身定位及增量式三维建图，依靠自身姿态数据与激光点云通过算法还原空间三维数据，无须GPS等外界辅助定位设备即可呈现完整而准确的数据。GoSLAM移动测量系统通过固定式双激光头来进行720°全范围扫描，采用独特的RTD实时解算技术可以在扫描过程中实时进行SLAM解算，扫描完成无须等待导出即可使用，效率大幅提升。手持设备端内置高清触控屏，可以在作业时实时预览扫描数据，避免数据错层等问题，确保数据无误。GoSLAM配套的Studio软件是一款系统配套强大的点云后处理软件，软件功能丰富操作简单，支持各种格式点云载入导出，可以实现点云数据删减、去噪、拼接、截面裁切、生成网格模型等一系列功能。该系列设备具备超强耐候性，可在−40～60℃环境下作业，并且兼容背包、无人机、车载等多种移动平台。

6.2　险情调查诊断装备

目前，堤防险情传统巡查作业方式存在周期长、消耗人员多、时效性差、夜视难度大等问题。目前较为常用和先进的方法，包括探地雷达、红外热像检查、温度法等，可对工程险情进行调查和诊断，一旦探测到异常隐患情况隐患位置，可及时判断严重程度并制定有效的修复方案。

6.2.1　探地雷达

探地雷达设备的工作原理为：向地下发射高频电磁波，若是遇到介质常数不同的物体，电磁波即发生反射，根据反射波的性态来判别地下隐患。地质雷达法是利用雷达发射天线向目标体发射高频脉冲电磁波，由接收天线接收目的体的反射电磁波，探测目的体分布的一种勘测方法。其实际是利用介质等电磁波的反射特性，对介质内部的构造和缺陷（或其他不均匀体）进行探测。

探地雷达设备的采样频率一般为 $0.4\sim700\mathrm{GHz}$，时窗范围为 $0\sim45700\mathrm{ns}$，分辨率为 $5\mathrm{ps}$，不但可以用来检测堤坝内部存在的隐患如渗漏区、空洞、松散未压实处等，也可用于检测堤坝内部浸润线及砂土特性；探地雷达设备还可在水上检测，检测水底砂土特性及构造，是检测堤坝安全的一种重要工具。

探地雷达设备的优点为检测数据直观，分辨率高，解释简单，检测速度快，因此在检测中得到广泛应用。车载探地雷达探测速度可以达到每小时几十千米。利用探地雷达的这一特点，可进行长距离堤防隐患普查。但是，探地雷达在堤坝上应用的主要的限制因素是电磁波在黏土中衰减大，穿透距离小。

6.2.2　红外热像仪

红外热像仪近年来逐渐应用于堤坝、建筑物等的渗漏、空鼓、缝隙问题，通过获得红外热像图，可以帮助操作人员进行目标物体的探测，了解目标物体的具体参数信息。存在管涌和散浸的区域，其温度场相比其他区域存在差异，通过温度场的变化检测，识别可能存在的工程安全问题，如图 6.2-1 所示。

一般来说，红外热像仪温度分辨率为 $0.1℃$，轻便小巧，可进行全自动操作。主要用来检测堤坝异常渗流的位置及范围，包括管涌、集中渗漏等。还可以进行闸门、启闭机、机电设备的检测。红外热像仪是被动接受目标自身的红外热辐射，与气候条件无关，无论白天黑夜均可以正常工作。红外线的波长较长，因此红外热

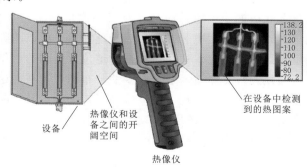

图 6.2-1　红外热像仪示意图

像仪观测距离较远。克服雨、雪、雾的能力较强，能适应较恶劣的环境。

无人机搭载红外热像仪可在堤段堤顶上飞行，即可连续拍摄地表温度分布图像，发现异常点，从而确定险情位置。机载红外热像仪无论白天黑夜均可以正常工作，可用于洪水期堤防巡查，快速长距离大范围实时连续拍摄堤坝地表温度分布图像，用于检测异常渗流区域及其位置。中国水利水电科学研究院、江西省水利科学院等单位在 2020 年 7 月应用无人机搭载可见光、热红外成像、MiniSAR（雷达）等传感器对江西省永修县九合联圩、共青城市共青联圩等部分区域开展了无人机遥感堤防险情识别工作，通过热红外影像识别出亮温明显偏低的区域，再结合可见光高精度影像判读现场环境，能有效识别出相应渗水点，如图 6.2-2 所示。

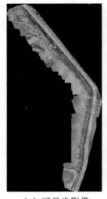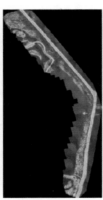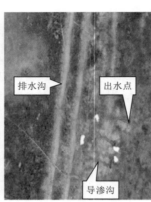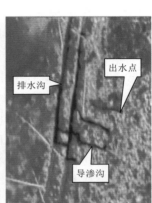

（a）可见光影像　　　（b）热红外影像　　　（c）可见光渗水点　　　（d）热红外渗水点

图 6.2-2　无人机遥感堤防险情识别

6.2.3　分布式光纤温度测量系统

分布式光纤温度测量系统主要基于堤防温度场变化来监测渗漏。当存在渗漏通道时，河道水温成为天然的示踪剂。渗漏将引起堤防温度场出现局部不规则。通过监测该不规则区域温度偏差量，可以对渗漏通道进行定位并定性判断渗漏速度。温度监测方法的局限性在于需要知道随季节变化的天气情况，而且常规的点式监测方法信息量小，不利于对渗漏区的捕捉。电热脉冲法分布式光纤温度测量系统可以克服这一局限而实施坝内渗漏监测，它优于常规的温度测量方法的关键在于可以实施分布式测量，即测量光纤沿程各点的位置坐标和相应的温度值，而且具有极高的信息密度。数据感知和传输速度快，便于实时监测。此外通过采用电脉冲对传感光缆加热，可以消除外界环境温度的变化，实现对不规则温度场区域的捕捉，达到对渗漏通道位置监测的目的。

应用光纤测量技术进行温度的分布测量，在理论上是成熟的，但关键仪器的设计和制造技术复杂，信号处理手段要求高。该项技术及产品已在英国、瑞士、德国、日本获得开发和应用。瑞士 SMARTEC 公司的 DiTemp® 产品，测量单元的测量范围 4~30km，采用多模光纤，空间分辨率 2m，测点间距 1~2m，温度分辨率为 0.5~0.1℃/10s~5min 测量时间/5km；2.7~0.7℃/10s~5min 测量时间/5km；通电电压 AC：100/240V（50/60Hz）；DC：24 或 48V。

6.3 险情评估新技术

6.3.1 高分遥感灾情评估

卫星遥感作为国民经济社会发展的重要战略资源，是国家灾害风险防范和灾情评估工作开展的重要基础信息。近年来通过有效应对一系列重特大自然灾害，表明遥感技术在中国防灾减灾救灾工作中的应用领域广阔、应用潜力巨大，已成为中国防灾减灾现代化建设的基础性支撑技术，能够为灾害监测评估、应急响应和指挥决策提供强有力的技术支持。卫星遥感技术具有监测范围大、时空分辨率较高、经济性好、数据类型多样等优势，在洪涝灾害监测评估中发挥着不可替代的作用。随着国内外遥感卫星发射数量快速增加，海量卫星遥感数据为洪涝灾害应急监测奠定了良好的数据基础。根据遥感数据源类型，洪涝灾害遥感监测方法主要分为基于光学遥感和基于微波遥感的洪涝灾害监测方法。基于光学遥感的洪涝灾害监测方法应用范围广，监测效果好，但易受云、雾、雨等天气条件的影响，灾害发生时往往伴随着阴雨天气，导致受灾期间无可用影像，影响应急监测的时效性。而基于微波遥感的洪涝灾害监测方法不受天气、光照的影响，具有全天候、全天时的监测能力，但雷达数据源没有光学遥感数据丰富，能够免费获取的数据源有限，一定程度限制了雷达数据在洪涝灾害监测中的应用。当下洪涝灾害遥感监测常用的高分辨率光学数据和雷达数据有 Sentinel-1、Sentinel-2、Landsat 系列、GF-1、GF-3 等，见表 6.3-1 和表 6.3-2。

表 6.3-1 洪涝灾害遥感监测中常用的高分辨率光学影像数据

数 据 名 称		波段数	分辨率	重访周期	是否收费
Landsat 系列	Landsat-5	7	30/60m	16d	否
	Landsat-7	8	30m	16d	否
	Landsat-8	9	30m	16d	否
Sentinel 系列	Sentinel-2A	13	10m	10d	否
	Sentinel-2B	13	10m	10d	否
高分系列	GF-1wfv	4	16m	2d	否
	GF-1pms	4	2m	4d	是
	GF-1B/C/D	4	2m	4d	是
	GF-2	4	1m	5d	是
	GF-4	4	50m	20s	否
	GF-6	4	2m	4d	是
资源系列	ZY-102C	4	10m	3d	是
	ZY-302	4	5.8m	4d	是
	ZY-102D	4	10m	3d	是
环境系列	HJ-1A	4	30m	4d	是
	HJ-1B	4	30m	4d	是

数 据 名 称		波段数	分辨率	重访周期	是否收费
SPOT 系列	SPOT - 5	4	2.5m		是
	SPOT - 6/7	4	1.6m	1d	是
	Pleiades - 1A/1B	4	0.5/2.0m	1d	是
CBERS 系列	CBERS - 02B	4	2.36m	26d	是
	CBERS - 04	4	5m/10m 的全色/多光谱相机、20m 的多光谱相机、40m/80m 的红外相机以及 73m 的宽视场成像仪	26d	否
商业卫星	吉林一号星座	4	2m	3.3d	是
	珠海一号星座		1.98m	5d	是

表 6.3 - 2　　　　　　　　　洪涝灾害遥感监测中常用的雷达影像数据

数 据 名 称		分 辨 率	重访周期	是否收费
Sentinel 系列	Sentinel - 1A	5m	12d	否
	Sentinel - 1B	5m	12d	否
RADARSAT 系列	RADARSAT - 1	10/25/30/35/50/100m	24d	是
	RADARSAT - 2	3/8/12/18/26/50/100m		是
TerraSAR 系列	TerraSAR - X	1m	2.5d	是
	TanDEM - X	2m	2.5d	是
高分系列	GF - 3	1m	3d	是

实时高效的遥感数据获取是洪涝灾害遥感应急监测的前提和保障，但单一类型遥感数据源的监测频次低，并且遥感数据的查询、下载和处理耗时长、步骤烦琐，这都制约着洪涝灾害遥感应急服务的时效性和精度。为保障洪涝应急监测对高时效性的需求、发挥不同遥感数据的监测优势，水利部防洪抗旱减灾工程技术研究中心集成国内外卫星遥感数据源构建了多源卫星数据源综合查询系统，开发了洪涝灾害遥感应急响应系统，实现洪涝灾情的高频次、高精度、实时动态遥感监测。该系统功能包括多源遥感数据的实时查询与下载、遥感数据批量预处理、洪水淹没范围自动化提取、洪涝灾情遥感监测专题图生产、灾情评估报告自动生成等。

6.3.2　无人机灾情评估

随着技术进步和材料发展，轻小型无人机的成本大大降低，操作越来越简便，为其在水利等行业的推广应用创造了更为成熟的条件，无人机成为洪涝灾害应急监测与高时空分辨率数据获取的重要新技术手段之一。水利部防洪抗旱减灾工程技术研究中心紧密跟踪快速发展的无人机技术、大数据信息处理技术等，贴合防汛抗旱减灾业务需求，通过原始创新与集成创新，研发了2个型号的无人机平台产品即轻小型固定翼无人机 FL-91 和多载荷四旋翼无人机 FL-81，如图 6.3-1 所示。可携带可见光航测相机、热红外相机和多光谱相机等多类型载荷，适用于用于高精度地形数据获取、夜间巡堤查险、搜救支援、旱情监测等多类型任务；还研发了具有自主知识产权的多类型无人机航片快速处理与水旱灾害信息提取应用软件系统产品 YC-mapper，如图 6.3-2 所示，具备可见光、

图 6.3-1　FL 系列无人机实物图

热红外和多光谱航片快速处理能力，航片处理速度与处理能力相比主流国外软件领先，集成行业模型，实现了区域正射影像、地形图、三维点云、土地利用、地表温度、植被盖度、距离、高差、面积、体积、坡度、土石方及其变化、作物受旱等级划分等多元下垫面信息的快速、协同获取，填补了国内空白。

图 6.3-2　多类型无人机航片处理与水体信息提取软件系统

6.4　应急救援新技术装备

严重的洪涝灾害常使生命财产遭受巨大损失，当一些突发的特大洪灾发生时，往往会造成土地大面积被淹，导致不少民众被困，必须在有限的时间、空间和资源约束下以最快的速度搜救被困人员并转移至安全地点，以保障受灾群众的生命安全。被困人员救援工作往往受到时效性、不确定性、特殊性等限制。例如，洪涝灾害被困人员救援同时具有水上

救援与陆上救援两方面的难点。与单纯的陆上救援工作相比，洪灾的现场条件更为恶劣，可能使得某些救援装备失效或者无法使用。此外，洪水期间的气象、水文、水域、交通条件更为恶劣，救援难度更大，极大影响了救援的效率和结果。

对于落水或被洪水围困的人员，一般主要采用水上救援装备将相应人员救援至安全地点。常用装备较多，如救生衣、救生圈、救生绳、救生吊具、救生网、抛投器等。近年来新型的抢险舟、水陆两栖冲锋舟、舟桥等救生装备作为洪灾救援时的主要交通工具，具有航速快、操作灵活简便、便于运输等特点，在防汛抢险工作中都发挥了重要作用。

6.4.1 喷水组合式防汛抢险舟

抢险舟便携轻巧、机动灵活、便于存放、速度快、使用简单、维护少，适用于水域救援、抗洪抢险、消防救援、抢险救援、海上搜救、突发事件救援等工作。在洪涝灾害中抢险舟可快速抵达被困人员身边展开施救，也可用于运送物资，在洪涝灾害救援抢险工作中都发挥了重要作用。中国水利水电科学研究院防洪抗旱减灾研究中心自主研制的喷水组合式防汛抢险舟，通过除污耙齿有效解决喷水推进装置舟进水口容易堵塞的自身缺陷，更加适用于防汛应急抢险工作，如图6.4-1所示。

图 6.4-1 喷水组合式防汛抢险舟

6.4.2 水陆两栖冲锋舟

水陆两栖冲锋舟综合了水陆两栖车和冲锋舟的特点。①水陆两栖冲锋舟具有车与船的双重性能，既可像汽车一样在陆地上行驶穿梭，又可像船一样在水上泛水浮渡，能适应更恶劣的条件，有效克服了冲锋舟吃水浅时易蹭坏的缺点。汛期暴雨导致交通阻断时，它可在大街小巷中行走穿梭，起到抗灾救援和物资运送的作用；②该舟也具有在水中航速快、体积小、操作灵活简便、便于运输等特点；③水陆两栖冲锋舟的存放也具有占地面积小、可折叠等特点。因此在发生灾情后，其易于运输的特点，可为应急救援抢出时间。

水陆两栖救援艇针对现有技术的不足，提供一种全液压水陆两栖救援艇的单一驱动模式，以控制实现水路和陆路的双环境行驶。此设计解决了冲锋艇泛水需要人工抬至岸边，效率低或无法到达复杂地形的岸边的问题；此外，还解决了现有水陆两栖艇陆上驱动和水中驱动模式分开而导致的相互制约的问题。此艇主要由艇体，安装在艇体上的液压船外机、行舟轮系以及液压传动系统组成。其中行走轮系包括两组后轮系以及一组前轮系；液压传动系统包括：汽油发动机、液压油泵、油箱、水陆模式转换模块以及阀组；液压油泵与油箱连接，在汽油发动机的驱动下输出动力，动力分为用于控制行走、转向、收放的三路，并依次通过阀组、水陆模式转换模块接入液压船外机、行走轮系；阀组包括三组阀，用于对该三路的断通进行控制；所述水陆模式转换模块用于水中模式与陆上模式之间的转换。总体来说，本发明采用全液压控制模式，用一台发动机带动液压泵，通过液压传动系统控制水路和陆路的行驶，安装布置方便，传动机构重量较轻，且能够达到低转速高扭矩的目的；液压传动系统通过调节液体流量，可以方便实现无级变速，在非常小的流量下，液压流体的控制很均匀，使得救援艇运行平稳，能够快速通过沼泽、河滩、积水路段，通过性好，满足人员落水、抗洪抢险时实施快速救援的要求。

6.4.3 舟桥

舟桥又称浮桥，通常用于在紧急或非正常状态时，快速架设通载浮桥，保障重型装备和车辆迅速克服中小型江河、湖泊等障碍，如图 6.4-2～图 6.4-5 所示，包括应急带式舟桥、应急分置式舟桥、应急动力舟桥（是一种每个浮体单元自带动力、架设快速、机动灵活、集浮桥、渡运于一体的新型舟桥，用于在紧急或非正常状态时，快速架设通道，保障重型装备和车辆迅速克服江河、湖泊等障碍）、民用浮桥（是由模块化的浮箱体组合而成的浮桥，广泛应用于水电站等工程项目施工时保障重型机械设备、车辆、人员的渡河）。相应装备可根据应用需求进行标准化单元设计，现场拼装

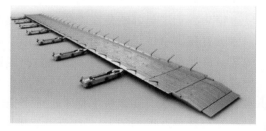

图 6.4-2　HZFQ60 应急带式舟桥

快速，互换性能强，可满足各种载荷，浮箱可多次重复使用，适用水域环境广。

图 6.4-3　HZFQ60 应急分置式舟桥

图 6.4-4　HZFQ70 应急动力舟桥

（a）分置式浮桥　　　　　　　　　　　　（b）带式浮桥

图 6.4-5　民用浮桥

6.5　抢险新技术装备

通常土堤是不允许堤身过水的，一旦发生漫溢的重大险情，就很快会引起堤防的溃决。因此在汛期应采取紧急措施防止漫溢的发生。为防止洪水可能的漫溢溃决，应根据准确的预报和河道的实际情况，在更大洪峰到来之前抓紧时机，尽全力在堤顶临水侧部位抢筑子堤。通常情况下采用加高培厚的方法来加固土堤，临时增加堤防挡水高度。除了传统的黏土子堤、土袋子堤、柳石（土）枕、桩柳（桩板）土、防浪墙子堤等技术外，随着新技术新材料的发展，又有一大批新型子堤技术涌现，采用土工合成材料研制的装配式防洪子堤连锁袋、土工包等装备在堤防抢险过程中发挥了重大作用。

伴随着我国城镇化的快速发展，我国城市暴雨呈现增多趋强的趋势，我国城市洪涝灾害问题日趋严重，逢大雨必涝，已成为我国城市的一种通病。从发生的区域来看，一些地势比较低的沿海地区和降水量大的内陆城市容易发生内涝灾害。城市内涝一般表现为道路积水、低洼区积水、立交桥下积水、地下空间进水等，一旦发生，极易对城市民众的生命和财产安全造成严重的威胁，内涝快速排除是城市应对内涝灾害时最快捷有效的方法之一。近年来研发的大功率应急移动水泵以及移动式抢险排水车等在城市内涝防治工作中发挥了重大作用。

6.5.1　装配式防洪子堤连锁袋

中国水利水电科学研究院联合北京岚和永汇科技有限公司研发的装配式防洪子堤连锁袋，采用高强不透水的聚酯材料机织有纺类基材缝制成立方体型袋，表面开口，内部由实木框架支撑，如图 6.5-1～图 6.5-3 所示。连锁袋每个单元外观为立方体，长、宽、高均为 1m 和 1.2m 两种尺寸，每 3 个、5 个或 10 个连锁袋为一个装配单元组，挡水深度分别为 0.8m 和 1m。漫顶抢险应用中，将连锁袋单元组顺堤顶轴线方向采用人工或车辆拖曳的方式展开，用标准固件将不同单元组串联在一起形成整体，然后在袋内装填土石料，如现场取土困难，也可以往袋内充灌泥浆或水，形成挡水子堤。该产品每个部件均是标准化生产，具有平时折叠储存运输、应急时快速展开并组装成整体的技术优势。需要时可从储备处运输到现场,利用人工或车辆快速展开,可采用人工装填或挖掘机装填,就近取料,也可装填编织土袋。

图 6.5-1　防洪子堤连锁袋成品和储存

图 6.5-2　连锁袋的展开　　　　　　图 6.5-3　连锁袋式防洪子堤安装施工

采用装配式防洪子堤连锁袋应急加高防洪堤,仅需人工 2～3 人,1 台用于装填土料的挖掘机以及少量人工辅助工具。

6.5.2　土工包

抛土工包是一项始于荷兰相对较新的工程技术,如图 6.5-4 所示,先按设计尺寸缝制出开口的土工袋,并铺放在开体船(开底或对开式驳船)舱内,用挖泥船或其他机械方法将淤沙充填到袋内,然后缝合袋口成土工包。开体船行至设定的位置后将土工包抛入江中,并使土工包抛投叠放整齐。土工包的体积从 $100m^3$ 左右至 $1000m^3$。

土工包中可填充淤泥,就地取材。土工包体积大不易被水冲动,便于形成稳定结构,可在水下 30m 深正常工作。土工袋不仅力学性能指标较高,而且不受酸、碱的影响,具有较长时间工作的性能,我国在长江等大河的抗洪及河道整治工程中都有成功的应用。为了防止土工包被河床上的树根、杂物扎破,在抛投前应对河岸进行清理。

中国水利水电科学研究院联合北京岚和永汇科技有限公司研发的土工包,采用高强度改性聚丙烯(PP)材料研制,易折叠、柔性,装载量约 5t,可控解锁吊钩,如图 6.5-5 所示。在封堵溃口时需配合吊车使用可快速完成进占,效率高,成本低。今后大型土工包、土工管袋、石笼等,也将随着大型吊装设备或开底船等的应用而逐步得到推广。

图 6.5-4　某工地的土工包围堰（2003 年）　　　图 6.5-5　高强度改性聚丙烯土工包

6.5.3　大功率应急排水泵

一般情况下，应对城市内涝的水泵不仅需要排量大，而且要求能通过大直径固体颗粒物，且移动方便、安装便捷、响应快速等。自 20 世纪 90 年代起，我国逐渐开发单台流量大于 $1000m^3/h$ 的移动泵装置。潜水泵作为近年来新开发的水泵类型，其中的潜污泵和排沙潜水泵常被应用于抢险救灾中。潜水泵是将电动机和水泵组合成的一个整体，由于其占地面积小、重量轻且易于移动，可以直接用于内涝现场，特别是大型移动排水车难以进入的区域。

中国水利水电科学研究院天津水利电力机电研究所针对城市应急排水、市政污水排放及防汛工程等需要，开发了应急排水移动泵站，包括 TCP 系列拖车式移动泵车和 TYP 型液压驱动移动泵站，如图 6.5-6 和图 6.5-7 所示。TCP-Z 型拖车式移动泵配套凸轮转子泵，其产品特点包括如下：

(a) TCP-Z型　　　　　　　　　　　　　　(b) TCP-L型

图 6.5-6　TCP 系列拖车式移动泵

（1）超强的自吸能力：省去离心泵所需的抽真空系统，最大自吸高度可达到 8m。

（2）机动灵活：采用拖车形式，普通皮卡车就能将其拖至工程现场。

（3）流量大、体积小、重量轻。

（4）抽排能力强：能顺利通过树叶，毛发，纤维，编织袋等固形物且不易堵塞。

（5）全智能控制：开机关机一键搞定，现场操控简单。

（6）全免维护：不需专业人员维护及操作，在长期存放的情况下，装备随时可以奔赴现场并立即投入使用。

（7）采用实心轮胎：无须充气，具有高弹性、长寿命、耐磨、耐刺、耐撕等特点，适用于恶劣环境，可靠性高。

（8）机械储能功能：电瓶馈电情况下也能正常启动柴油发动机。

图 6.5-7　TYP 型液压驱动移动泵站

福建侨龙专用汽车有限公司专注于液压驱动排水抢险装备研发，目前已成功研制"龙吸水"五大系列应急供排水抢险产品。"龙吸水"系列产品主要特点是水泵及其他机构均采用液压驱动（无用电安全隐患），设备操作简便，机动灵活，可快速部署就位，可广泛应用于城市内涝、市政窨井、立交桥、城市道路（跨线桥底积水）、公路隧道、大面积农田、沼泽地、地下车库、涵洞等低矮的环境排水、消防供水以及对现有消防装备配套供水等各种复杂工况，如图 6.5-8 和图 6.5-9 所示。

图 6.5-8　福建侨龙公司研发的"龙吸水"在现场排涝中

图 6.5-9　福建侨龙公司研发的"龙吸水"排水车在北京房山区现场抢险排涝中

6.6　险情探测新技术装备

6.6.1　高密度电阻率探测

高密度电阻率法属于直流电阻率法的一种，是将电剖面和电测深结合为一体，利用地下介质导电性的差异性，在人工施加电场的作用下，不同介质传导电流的变化，引起电阻率值在不同的区域间变化，反演推断地下地质情况，二维地电断面成像，反映地下地质情况；现场探测是在地面沿测线布置点电源，通电后大地产生地电场，根据地表与不同距离电位分布相关范围地电特征的反映，供电电极位置的不断改变，形成电位分布，达到不同深度的探测，如图6.6-1所示。高密度电阻率法探测时，其探测断面所有电极需一次性铺设完成，为确保电极接地良好、各电极接地电阻均一，测量前对剖面上所有电极进行接地电阻检查，采取喷洒盐水等手段保证各电极接地电阻均小于 7Ω。数据采集过程中供电电压为 $200\sim400\mathrm{V}$。为了充分利用每个排列的观测数据和保证测量数据的横向和垂向反演精度，一般选用温纳排列装置，如图6.6-2所示。

图6.6-1 高密度电阻率现场勘测示意图

图6.6-2 温纳排列装置测量跑极示意

6.6.2 夜视仪

夜视仪是利用光电转换技术，用红外探照灯照射目标，接收反射的红外辐射形成图像。按照夜视仪结构特点不同可分为手持式单（双）筒夜视仪、头戴式单（双）筒夜视仪2种。最显著的优势是，即使没有任何光源，也可以借助红外灯照明，观察完全黑暗半径 $500\sim1000\mathrm{m}$ 的空间。所以尤其适合各类应急救援夜间搜救行动，能快速侦察灾区被困人员准确位置。适用范围：巡线、侦察、狩猎、野营、乘船出游或救生等。

6.6.3 激光测距仪

激光测距仪是利用激光对目标的距离进行准确测定的仪器。激光测距仪在工作时向目标射出一束很细的激光，由光电元件接收目标反射的激光束计时器测定激光束从发射到接收的时间，计算出从观测者到目标的距离。

激光测距仪是一种望远镜加激光测角测距的便携式光电仪器，综合了望远镜、激光测距、测高和测角的功能，主要表现在两个方面：①在清晰地观察物体的同时，可测量物体在一定范围内的距离，具有测距精度高、测距时间短显示直观耗电省、自动断电等优点。②同时实现了目标距离和角度的测量功能。在获得目标距离的同时，还可同时显示望远镜至目标点连线与地平面的夹角（仰角为＋，俯角为－）相对高度和水平距离。

第7章

堤防工程险情与应急处置

7.1 渗透破坏险情

渗透破坏在堤防工程中非常普遍，是堤防工程中最普遍且难以治愈的心腹之患。渗透破坏多发生在汛期由于堤防临水侧和背水侧存在水头差，因此就会有渗流产生。随着江湖水位的不断升高，导致堤身内浸润线逐步升高，堤身和堤基渗透比降也不断增大，当渗流产生的实际渗透比降大于土的临界渗透比降时，土体将产生渗透破

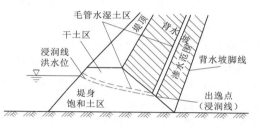

图 7.1-1　堤身渗透破坏失事示意图

坏，如图 7.1-1 和图 7.1-2 所示。从工程角度上来看，堤防渗透破坏又可以分为堤身渗透破坏和堤基渗透破坏。

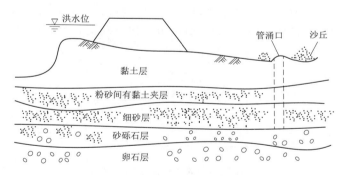

图 7.1-2　地基渗透破坏管涌示意图

堤身渗透破坏包含多种类型，按形成机理及应急处置方法介绍如下：

（1）散浸，是堤防临水后背水坡发生的浸水现象。由于堤身断面不足（堤身单薄）、内部缺陷等，在高水位长时间浸泡下，内坡渗流逸出点提高。洪水渗透堤身，在背水堤坡或堤脚出现渗水的险情。堤身浸泡时间过长，水从堤内坡下部或内坡脚附近的地面上渗出，俗称"堤出汗"现象。随着高水位持续时间的延长，散浸范围将沿堤坡上升、扩大，导致堤身土体强度降低，如不及时处理，会展成脱坡险情。同时，背水坡渗水还可能造成

堤坡冲刷、流土甚至形成漏洞和陷坑。

（2）漏洞，是由于堤防内部有渗水通道，水从背水堤坡漏出来的险情。漏洞一般发生在堤坡下部或坡脚附近，可分为清水漏洞和浑水漏洞2种。漏洞发生时，水量较小且为清水时，表现为清水漏洞，随着清水漏洞不断发展，漏水由清变浑，成为浑水漏洞。它形成原因较复杂，主要是由于堤身质量差，土料含砂量高；有机质多，有生物洞穴或其他腐烂的物料；其他如旧涵洞、坑窑等隐患存在。漏洞在汛前较难发现，但这种险情在汛期往往发展很快，加之堤身断面有限，对堤身的危害很大，汛期抢险困难。

（3）集中渗流，是在汛期对堤身与穿堤建筑物基础接触面或裂缝附近区域由于集中渗流作用沿着接触面带走细颗粒，形成接触冲刷，进而扩展形成漏水通道，造成这些部位土体的渗透破坏。

（4）堤基渗透破坏，常表现为泡泉、砂沸、土层隆起、浮动、膨胀、断裂等，通常统称为管涌。此时管涌的概念不同于严格的土力学中关于管涌的术语定义。一般来讲堤防堤基的表土层一般极少是砂砾层，因此，堤基渗透破坏一般均为土力学中的流土破坏。堤基渗透破坏产生的原因是：随着汛期水位的升高，背水侧堤基的渗透出逸比降增大，一旦超过堤基的抗渗临界比降就会产生渗透破坏。渗透破坏首先在堤基的薄弱环节出现，如坑塘或表土层较薄的位置。对近似均质的透水堤基，渗透破坏首先发生在堤脚处。堤基管涌，尤其是近堤脚处的管涌，发展速度快，容易形成管涌洞，一旦抢险不及时或措施不得当，就有溃堤灾难发生的危险。

本章结合江西鄱阳湖区堤防工程抢险经验，介绍如下。

7.1.1　散浸

7.1.1.1　定义及危害

（1）定义。散浸出现在堤防的背水坡面上，是在堤防临水面水位上涨后，堤（坝）身浸润线升高，渗水从堤（坝）内坡或内坡脚附近逸出的现象称为堤坡散浸，表象为堤坝背坡或坡脚土体潮湿发软并有水渗出，如图7.1-3所示。

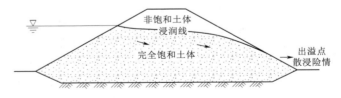

图7.1-3　散浸险情形成示意图

浸润线是沿堤坝垂直坝轴线横向切开，可以看到圩堤土质分成上干下湿两部分，干湿交替的分界线，称为"浸润线"。

（2）散浸危害。随着高水位持续时间的延长，散浸将沿堤坡上升、扩大，导致堤身土体强度降低，如不及时处理，会发展成滑坡险情。同时，背水坡渗水还可能造成堤坡冲刷、流土，甚至形成漏洞和陷坑。

7.1.1.2　形成机理

散浸险情产生的影响因素一般有洪水位的高低、流速、堤外岸滩宽窄、土体结构、工程地质特征、地下水水位高低、土体盖层的岩性及抗压强度等。发生散浸险情原因主要有以下几个方面：

（1）堤身断面不足，背水坡偏陡。

（2）堤身内土质多砂，渗径短，防渗情况差。

（3）堤防质量太差，筑堤时所取的土块没有打碎，留有空间，施工碾压不实、施工接头不紧密。

（4）堤内存在隐患，如蚁穴、蛇洞、树根、砖石、废涵管、暗沟、易腐烂物等，堤防与涵闸或其他穿堤建筑物结合不实。

（5）堤身浸水时间长，堤身土壤饱和。

7.1.1.3　应急处置

（1）险情说明。外水位上涨后，堤（坝）身浸润线升高，渗水从堤（坝）内坡或内坡脚附近逸出的现象称为散浸，表象为堤坝背坡或坡脚土体潮湿发软并有水渗出。如渗水点低，量少且清，无发展趋势，预报水位不上涨时，可暂不抢险，但需专人密切观测。如渗水严重或已出现浑水，预报水位上涨，则需立即抢护。

（2）险情分级标准。针对散浸险情，选取散浸面积、散浸水况、土质松软程度、外水位为研判参数，将险情按严重程度分为一般、较大和重大这三级，作为是否立即抢险、抢险方式选择的重要判别依据，参数由现场观测确定。

（3）险情严重程度判别见表 7.1-1。

表 7.1-1　　　　　　　　　　　散浸险情严重程度参考表

险情严重程度	100m 堤（坝）段散浸面积/m²	散浸水况	土质松软程度	外水位情况
一般险情	＜20	少量汗珠（＜50%）	松软程度不明显	低于警戒水位/低于汛限水位
较大险情	20～100	大面积汗珠（＞50%）	较大面积松软（＞50%）	超警戒水位（＜1m）/超汛限水位（＜1m）
重大险情	＞100	散浸水汇聚流动	松软呈淤泥化	超警戒水位（≥1m）/超汛限水位（≥1m）

（4）抢护方法。抢护原则：临水面截渗、背水面导渗。为避免贻误时机，一般先背水面导渗，视情况采取临水面截渗。临水面截渗是通过倾倒黏土等不透水材料，在临水面截住渗水口。背水面导渗是利用碎石、砂卵石等透水材料，在背水面形成反滤层。具体包括反滤导渗沟法和沙袋贴坡反滤法。

1）反滤导渗沟法。当出现明显散浸或渗水现象时，必须开挖导渗沟，沟内铺反滤料。导渗沟一般开挖成"Y"字形，纵向主沟间距 5～8m，沟深 0.5～1.0m，宽 0.3～0.8m，导渗沟末端需与堤（坝）脚排水沟连通；反滤料分层依次填筑粗砂、小碎石、卵石，每层厚度大于 15cm，如图 7.1-4 所示。

2）沙袋贴坡反滤法。当堤（坝）身透水性较大，背水坡土体过于稀软，需先清除软泥、草皮及杂物，再铺设沙袋反滤，如图 7.1-5 所示。

图 7.1－4　反滤沟导渗抢险效果图　　　　图 7.1－5　沙袋贴坡反滤抢险效果图

7.1.2　管涌

7.1.2.1　定义及危害

（1）定义。管涌是指土层中细颗粒在渗流作用下，从粗颗粒孔隙中被带走或冲出的现象，是一种典型的点源流动。管涌口径大小不同，小的只有几毫米，大的达几十厘米，空隙周围多形成隆起的沙环，如图 7.1－6 所示。管涌发生时，水面出现翻花，随着江河水位的升高，持续时间的延长，险情不断恶化，大量涌水翻砂，使堤防土壤骨架被破坏，孔道不断扩大，基土逐渐被淘空，以至引起建筑物塌陷，甚至造成溃堤。

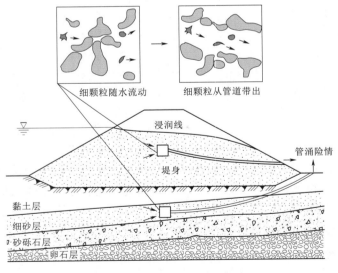

图 7.1－6　管涌形成示意图

（2）危害。管涌对土堤的危害主要体现在以下两方面：

1）被带走的细颗粒如果堵塞下游，反滤排水体，将使渗漏情况恶化。

2）细颗粒被带走使堤身或堤基产生较大沉陷，破坏土堤的稳定，见图 7.1－6。在汛期，管涌破坏是一种最常见的险情。据统计，历史上长江干堤溃决，90％以上是由于堤基管涌而造成的。1998 年特大洪水期间，长江中下游干堤出现险情 6000 多处，其中堤基管涌占较大险情总数的 52.4％，居各种险情之首。堤基管涌问题严重威胁堤防工程安全，是堤防工程中最普遍且难以治愈的心腹之患，决不能掉以轻心，必须迅速予以处理，并进行必要的监护。

7.1.2.2 形成机理

管涌通常形成于砂性土中，其特征是颗粒大小差别较大，往往缺少某种粒径，空隙直径大且相互连通，易于形成渗流通道。但是，无黏性土形成管涌也必须具备 2 个条件：①几何条件，土中粗颗粒所构成的孔隙直径必须大于细颗粒的直径，这是必要条件，一般不均匀系数大于 10 的土才会发生管涌；②水力条件，渗流力能够带动细颗粒在孔隙间滚动或移动是发生管涌的水力条件，可用管涌的水力梯度来表示。

管涌的发生与地层中土的组成成分、结构、土的级配、水力梯度、管涌发生的距离、深度、表面覆盖黏土层的内摩擦角、覆盖层厚度、黏滞系数、土的饱和度、固结系数、浸泡时间等因素有关，是一个多元的复杂问题，特别在管涌探查、管涌发生时间、管涌口位置、规模大小、发展破坏机理及其危害范围、抢护范围和合理有效措施等关键技术和理论方面还需进一步深入研究。

7.1.2.3 应急处置

（1）险情说明。在高水位渗压下，地基土体中细颗粒沿粗颗粒间空隙被水流带出的现象称为管涌。当其出口处于砂性土时，表象为翻砂鼓水、周围多形成隆起的沙环；当其出口处于黏性土时，表象为土体局部表面隆起、浮动或大块土体移动流失，此时也称为流土。

（2）险情分级标准。针对管涌险情，选择涌口位置、根据发生时间、位置和内外环境因素，通过实地调查、经验访谈、汛后评估和理论计算等方法，选取涌径、涌高、夹沙量、外水位为研判参数，将险情按严重程度分为一般、较大和重大 3 级，作为是否立即抢险、抢险方式选择的重要判别依据，参数根据经验、试验或理论计算确定。

（3）险情严重程度判别见表 7.1－2。

表 7.1－2　　　　　　　　　　管涌险情严重程度参考表

险情严重程度	涌口距内坡脚 /m	涌口直径 /cm	涌水柱高 /cm	涌水夹沙量 /(kg/L)	外水位情况
一般险情	>100	<5	<2	<0.1（很少）	低于警戒水位/低于汛限水位
较大险情	50～100	5～30	2～10	0.1～0.2（较多）	超警戒水位（<1m）/超汛限水位（<1m）
重大险情	<50	>30	>10	>0.2（很多）	超警戒水位（≥1m）/超汛限水位（≥1m）

（4）抢护方法。管涌险情是各类水库、堤防、水闸和泵站发生频率最高的险情，一旦发现管涌险情，应根据险情的严重程度，采用以下方法进行应急抢护。

1）反滤压浸。当管涌口距内坡脚 50～100m 且管涌出流量不大，水流浑浊度不高时，可直接采用砂卵石压浸的方法进行应急抢护，如图 7.1－7 和图 7.1－8 所示，处置后定期

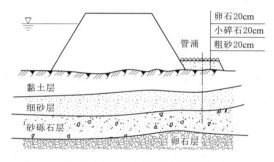

图 7.1-7　反滤压浸示意图

观察险情的变化再采取适当的措施即可。

2）反滤围井。当管涌口距内坡脚的距离小于 50m 以内且管涌出流量较大，水流涌砂较多，管涌险情严重时，应筑反滤围井，且在井内按级配要求填筑反滤料，直到渗水畅流，无砂粒带出为止，如图 7.1-9 和图 7.1-10 所示。反滤料填好后，仍需注意防守，如发现填料下沉，应继续补充填筑，直到稳定为止。

（a）反滤压浸处理（一）

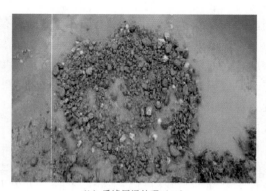

（b）反滤压浸处理（二）

图 7.1-8　反滤压浸抢险效果图

3）蓄水反压。当管涌在不大范围内成群出现，且附近有渠道、田埂，或具有周边地势较高的有利条件时，可采用蓄水反压的方法减小内外水头差，如图 7.1-11 所示，遏制管涌险情的发展。蓄水反压做好后，仍需注意观察，如发现险情有变，应及时处置，直到险情稳定为止。

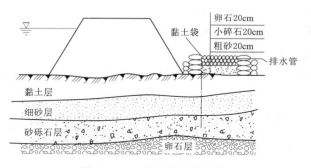

图 7.1-9　反滤围井示意图

7.1.3　漏洞

7.1.3.1　定义及危害

（1）定义。堤（坝）身或地基出现贯穿性孔洞形成集中渗水的现象称为漏洞，表象为渗水集中、水量较大，漏洞入口较高或渗水量较大时，上游入口水面会出现旋涡现象，如图 7.1-12 所示。

（2）危害。堤防出现漏洞，对其安全威胁极大，漏洞水流形成有压流，流速大、冲刷力强，随着漏洞的扩大将会造成堤防溃决，是一种严重的险情。如不及时抢堵，即可成为造成决口的大患。按流出的水是清水还是浑水，常可将漏洞分为清水漏洞和浑水漏洞，浑

（a）反滤围井抢险图（一） （b）反滤围井抢险图（二）

（c）反滤围井抢险图（三） （d）反滤围井抢险图 （四）

图 7.1-10　反滤围井抢险效果图

水漏洞对堤防威胁极大，是极为危险的。在处置漏洞险情时，首先应了解漏洞产生的原因、漏洞的位置和大小，然后再进行险情处置。

7.1.3.2　形成机理

汛期堤防在高水位的较长时间作用下，在背水坡或堤脚附近出现漏水孔洞。开始时因漏水量小，堤土很少冲动，漏水较清，为清水漏洞；随着漏洞周围土体受水浸泡松散崩解，产生局部滑动，部分土体被漏水带出使漏洞变大，漏水变浑，发展成为浑水漏洞。如果漏洞流出浑水，或时清时浑，表明漏洞正在迅速扩大，堤防有可能发生塌陷甚至溃决。堤防发生漏洞的原因是多方面的，但主要原因有以下几个方面：

1）填筑质量差。施工时，土料含沙量大，有机质多，碾压不实，分段填筑接头未处理好，造成局部土质不符合要求，在上下游水头差作用下形成渗流通道。

2）沉陷不均。地基产生不均匀沉陷，在堤防中产生贯穿性横向裂缝，形成渗漏通道。

3）堤基渗漏。堤基为砂基，覆盖层太薄或附近有坑塘等薄弱段，形成渗水漏洞。

4）内部隐患。动物在堤防中筑巢打洞，如白蚁、鼠等，堤身内有已腐烂树根或在抢险和筑堤时所用木料、草袋等腐烂未清除或清除不彻底等，形成内部隐患。

5）薄弱结合部位。如沿堤防修建闸站等建筑物，在结合处，由于填压质量差，受高水位浸泡渗水，水流集中，汇合出流，当水流冲动泥土，细小颗粒被带出，将逐步形成漏洞。

（a）出现险情　　　　　　　　　　　（b）险情处理（一）

（c）险情处理（二）　　　　　　　　　（d）处理完成效果

图 7.1-11　蓄水反压抢险效果图

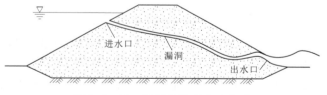

图 7.1-12　漏洞险情形成示意图

6）抢护不及时。散浸、管涌、流土等险情抢护不及时或处理不当，由量变到质变演变成漏洞。

7）其他原因。如基础处理不彻底，背水坡无反滤设施或反滤设施标准较低等。

7.1.3.3　应急处置

（1）险情说明。堤（坝）身或地基出现贯穿性孔洞形成集中渗水的现象称为漏洞，表象为渗水集中、水量较大，漏洞入口较高或渗水量较大时，上游入口水面会出现旋涡现象。如漏洞出浑水，或由清变浑，或时清时浑，表明漏洞正在迅速扩大，堤（坝）身有可能发生塌陷，存在溃决的危险。因此，一旦发生漏洞险情，必须严肃认真对待，要全力以赴迅速进行抢堵。

（2）险情分级标准。针对漏洞险情，选取出口直径、出水量、夹泥沙量、外水位为研判参数，将险情按严重程度分为一般、较大和重大 3 级，作为抢险方式选择的重要判别依据，参数由现场观测确定。

（3）险情严重程度判别见表 7.1-3。

表 7.1-3　　　　　　　　　　　　漏洞险情严重程度参考表

险情严重程度	漏洞出口直径 /cm	出水量 /(L/s)	夹泥沙量 /(kg/L)	外 水 位 情 况
一般险情	<2	<3	<0.2	低于警戒水位/低于汛限水位
较大险情	2～10	3～10	0.2～5	超警戒水位（<1m）/超汛限水位（<1m）
重大险情	>10	>10	>5	超警戒水位（≥1m）/超汛限水位（≥1m）

（4）抢护方法。

1）首先应尽可能通过各种技术手段找到漏洞进口位置，一旦找到进口位置，应优先采用塞堵法。塞堵物料有软楔、棉絮、草捆、软罩等。塞堵时应"快""准""稳"，使洞周封严，然后迅速用黏性土修筑前戗加固。塞堵漏洞应注意人身安全。

2）如迎水坡无明显洞口，可在进口顺坡抛填黏土，在出口筑反滤围井，以减少渗水浸入。

3）外堵漏洞切忌乱抛块石土袋，以免架空，增加堵塞漏洞的困难。

4）当一时难于判明是漏洞还是管涌的情况下，背水坡必须按抢护管涌做反滤设施的办法来处理。只要反滤层保住堤（坝）身的填土不流失，险情也就能稳定下来了。

7.1.4　接触渗漏

7.1.4.1　定义及危害

（1）定义。接触渗漏是指渗流沿着两个不同材料的接触面流动时，把层间的细颗粒带走的现象，汛期一般是闸（站）、管道等穿堤（坝）建筑物与堤（坝）的接合部，如闸（站）边墩、岸墙、翼墙、刺墙、护坡、管壁等与堤（坝）主体或基础接合部产生裂缝或空洞，在高水位渗压作用下，沿接合部形成渗流或绕渗，冲蚀填土，在闸（站）背水侧坡面、坡脚发生渗透破坏，出现渗水、管涌、漏洞等险情。

（2）危害。出现接触渗漏时，随着堤（坝）或基础土粒的冲蚀掏空，建筑物或两旁土体会出现沉陷现象，导致建筑物或堤（坝）的失稳或破坏。

7.1.4.2　形成机理

接触冲刷一般起初都发生在填土和建筑物接触的部位。首先是接触部位的颗粒从渗流的出口处被带走，从而产生渗流通道，进而引起建筑物出现沉陷和扭曲等现象，直到发生破坏及堤防溃决事故，如图 7.1-13 所示。一般而言，建筑物的侧向、顶部或者是底部沿着接触面的渗流比降是依据直线比例法所确定。一旦底部或者是侧向、顶部轮廓线的长度一定，作用的水位差一定，则其平均渗流比降也是一个固定的值。土和建筑物接触面的允许抗渗比降则远远低于内部所允许比降值，这就极易诱发接触冲刷事故。

对于冲刷，通过外部观察，查明闸上下有无回流等异常现象，护坡、岸边墙等有无滑脱等，与土堤接合面有无开裂；如有必要，还应按照预先布设好的平面网络坐标，进行测探检查，对比原来高程，分析得出结论；如有条件，也可采用探测仪器直接进行探测。

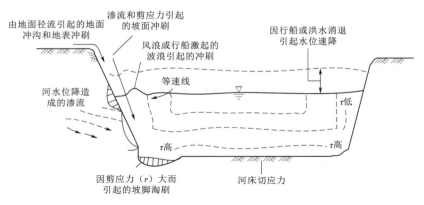

图 7.1-13 接触冲刷破坏示意图

穿堤建筑物与堤防发生险情的原因很多，根据我国堤防工程的实际情况，其发生险情的主要原因有以下几个方面：

1）与穿堤建筑物接触的土体回填未达到设计密实度，使建筑物与堤防接触处有缝隙。

2）穿堤建筑物与土体的接合部位有生物活动，使建筑物与堤防接触处有孔洞。

3）穿堤建筑物的止水齿墙（槽、环）遭到破坏，使渗流径路变短，渗流水沿着洞或管壁产生渗漏。

4）由于穿堤建筑物的地基产生较大变形，导致接合部位建筑物与堤防不密实或破坏。

5）一些使用年限较长的穿堤建筑物（如涵箱），因自身老化和失修而产生断裂变形或损失。

6）堤基土中层间系数太大的部位，如粉砂与卵石也非常容易产生接触冲刷。

7）穿堤建筑物地基承载力不同，在建筑物重量作用下基础将产生较大的不均匀沉陷。

8）土堤直接修建在卵石堤基上，并遭遇超设计水位的洪水作用。

7.1.4.3 应急处置

（1）险情说明。闸（站）、管道等穿堤（坝）建筑物与堤（坝）的接合部，如闸（站）边墩、岸墙、翼墙、刺墙、护坡、管壁等与堤（坝）主体或基础接合部产生裂缝或空洞，在高水位渗压作用下，沿接合部形成渗流或绕渗，冲蚀填土，在闸（站）背水侧坡面、坡脚发生渗透破坏，出现渗水、管涌、漏洞等险情，有时随着堤（坝）或基础土粒的冲蚀掏空，还会产生建筑物或两旁土体的沉陷现象，导致建筑物或堤（坝）的失稳或破坏。

（2）险情分级标准。针对穿堤（坝）建筑物与堤（坝）的接合部渗水及漏洞险情，选取渗漏险情状况和外水位为研判参数，将险情按严重程度分为一般、较大和重大 3 级，作为抢险方式选择的重要判别依据，参数由现场观测确定。

（3）险情严重程度判别。穿堤（坝）建筑物与堤（坝）的接合部渗水及漏洞险情严重程度的判别详见表 7.1-4。

表 7.1 - 4　穿堤（坝）建筑物与堤（坝）接合部渗水及漏洞险情严重程度判别表

险情严重程度	渗水及漏洞险情状况	外水位情况
一般险情	建筑物下游有少量清水渗漏	低于警戒水位/低于汛限水位
较大险情	建筑物下游渗漏量较大，偶尔有浑水渗漏，涌水夹沙量小于 0.2kg/L	超警戒水位（＜1m）/超汛限水位（＜1m）
重大险情	建筑物下游出现浑水漏洞，涌水夹沙量大于 0.2kg/L，或建筑物或两旁土体发生沉陷	超警戒水位（≥1m）/超汛限水位（≥1m）

（4）抢护方法。穿堤建筑物与堤防接合部是堤防工程薄弱环节，也是堤防最容易发生险情的部位。在较高水位的作用下，河水常常会沿着土石接合部等薄弱地带产生渗漏，进而形成渗漏通道，造成险情的发生。堤防上的涵闸、管道等穿堤建筑物常见的险情有：建筑物与土堤结合部严重渗水或漏水、开敞式涵闸滑动失稳、闸的顶部漫溢、水闸基础出现严重渗漏或管涌、建筑物上下游冲刷或坍塌、建筑物裂缝或管道断裂等、闸门启闭设施障碍等。

为避免在穿堤建筑物与堤防接合部发生险情，应加强对易出现的渗透、冲刷和滑动，采用正确的方法进行探查和判断，以便及早发现、及时处理。对于渗漏，首先进行外部观察，检查闸室或涵洞内有无渗水，并检查岸墙、护坡、与土堤接合部位有无冒泥沙现象，有条件还应通过渗压管进行检测。建筑物与土堤接合部位严重渗水或漏水，要尽快查明进水口位置，探测方法一般有水面观察法、潜水探摸法、锥探测法。

对于渗水，抢护原则是"迎水隔渗、背水导渗"；对于漏洞，抢护原则是"迎水坡堵塞漏洞进水口"，当建筑物或两旁土体发生沉陷现象，导致堤（坝）挡水高度不足时，需立即按漫溢险情进行抢险。

对于冲刷，通过外部观察，查明闸上下有无回流等异常现象，护坡、岸边墙等有无滑脱或垫陷，与土堤接合面有无开裂；如有必要，还应按照预先布设好的平面网络坐标，进行测探检查，对比原来高程，分析得出结论；如有条件，也可采用探测仪器直接进行探测。

对于滑动，主要依据变位观测，分析各部位的变化规律和发展趋势，从而判断有无滑动、倾覆等险情。

穿堤涵闸与堤防结合部的险情处置技术有以下几种：

1）堵塞漏洞进口。

a. 布篷覆盖。布篷覆盖适用于涵洞式水闸闸前临水堤坡上漏洞的抢护，布篷可用篷布或各种土工布，其幅面宽度为 2.0～5.0m，长度要从堤顶向下铺放将洞口严密覆盖，并留一定宽裕度，用直径 10～20cm 钢管一根，长度大于篷布宽约 0.6m，长竹竿数根以及拉绳、木桩等，将篷布两端各缝一套筒，上端套上竹竿，下端套上钢管，捆扎牢固，把篷布卷在钢管上，在堤顶肩部打数根木桩，将卷好的篷布上端固定，下端钢管两头各拴一根拉绳，堤上用人拉住，然后，两人用竹竿顶推布篷卷筒顺堤坡滚下，直至铺盖住漏洞进口，为提高封堵效果，在篷布上面抛压土袋。

b. 草捆或棉絮堵塞。当漏洞口尺寸不大，且水深在 2.5m 以内的情况，可采用草捆进行堵塞，草捆大头直径 0.4～0.6m，内包石块或黏土，草石（土）重量比 1：（1.2～1.5），或用旧棉絮、棉衣等内裹石块用绳或铅丝扎成捆，人员系上安全绳，夹带草捆或棉絮捆，靠近漏洞进口，用草或棉絮捆小头端櫄入洞并压紧塞入，在其上压盖土袋，以便进行闭气。

c. 草泥网袋堵塞。当漏洞口不大，水深 2.0m 以内，可用草泥装入尼龙网袋，填堵时分 3 组作业，一组装网袋，一组运网袋，一组下入水中对准溯洞位置用网袋将漏洞进行堵塞。

2）背水面导渗、反滤。渗漏已在涵闸下堤坡出逸，为防止流土或管涌等渗透破坏，致使险情扩大，需在出渗流处采取导渗流、反滤措施。

a. 砂石反滤。使用筛分后的砂石料，对一般用壤土填筑的堤，可用 3 层反滤层结构填筑，滤水体汇集的水流，可通过导管或明沟流入涵闸下游排走。

b. 土工织物反滤。使用幅宽 2.0～4.2m、长 20m、厚 2.0～4.8mm 的有纺或无纺土工织物，据国内有些工程使用的经验，用一层 3.0～4.0mm 厚的土工织物滤层，可代替砂石料反滤层，铺设前坡面进行平整清除杂草，使土工织物与土面接触良好，铺放时要避免尖锐物体扎破织物，土工织物每幅之间可采用大搭接方式，搭接宽度一般不小于 0.2m，为固定土工织物，每隔 2.0m 左右用"Ⅱ"形钉将织物固定在堤坡上。

c. 柴草反滤。用柴草秸料修做的反滤设施，在背水坡第一层铺麦秸稻草厚约 5.0cm，第二层铺秸料厚约 20cm，第三层铺设细柳枝，厚度约 20cm，铺放时注意秸料均顺水流向铺放，以利排出渗水，为防止大风将柴草刮走，在柴草上压一层土袋。

3）中堵截渗措施。

a. 开膛堵漏。为彻底截断渗漏通道，可从堤顶偏下游侧，在涵闸岸坡墙与土堤结合部开挖长 3.0～5.0m 的沟槽，开挖边坡 1：1 左右，沟底宽度为 2.0m，当开挖至渗流通道，将预先备好的木板紧贴岸坡墙和流道上游坡面，用锤打入土内，然后用含水量较低的黏性土或灰土迅速分层将沟槽回填夯实，大水时此法应慎重使用。

b. 喷浆截渗。三重管高压喷射灌浆，喷嘴的出口压力高达 200kgf/cm² [1]，喷射具有破碎土体和输送固化物质的能力，从而使破碎土与固化剂搅拌混合并固结形成薄壁截渗墙体。高压喷射灌浆的主要配套机具有灌浆泵、可旋转喷或定向喷射的专用钻机以及空压机、高压水泵及浆液搅拌系统。喷射灌浆固化剂为普通硅酸盐水泥，为使截渗体早强固结，喷射浆液中可适量加入早强速凝剂。

4）闸后修筑养水盆。在汛前预先修筑翼堤，洪水到来前抢修横围堤。横围堤应位于海漫滩以外，其高度根据洪水位等情况确定。一般顶宽为 4.0m 左右，边坡为 1：2。修筑横围堤前先关闭闸门，再清理横围堤与翼堤的结合部位，然后分层填土压实。洪水到来前适当蓄水平压，洪水期应加强观测。采用闸后养水盆在堤防背水一侧蓄水反压时，水位不能抬得过高，以免引起围堤倒塌或周围产生新的险情。

---

[1] 　$1kgf/cm^2 = 9.80665 \times 10^4 Pa$。

7.2 结构破坏险情

7.2.1 裂缝

7.2.1.1 定义及危害

（1）定义。裂缝是指堤坝表面或内部出现裂开的现象，是一种常见的堤防险情，按其走向一般分为垂直于堤身走向的横缝、顺堤走向的纵缝、不规则的龟纹裂缝。

（2）危害。堤（坝）裂缝有时可能是其他险情（如滑坡等）的前兆，而且由于它的存在，洪水或雨水易于入侵堤（坝）内部，常会引起其他险情，尤其是横向裂缝，特别是贯穿性横缝，是渗流的通道，属于重大险情，即使不是贯穿性横缝，由于它的存在，缩短渗径，易造成渗透破坏，也属较重要的险情。

7.2.1.2 形成机理

引起堤防裂缝的原因是多方面的，有些是单一因素，有些是多种因素并存所诱发，归纳起来，主要包括以下几点：

（1）不均匀沉降。堤防基础土质条件差别大，有局部软土层；或堤身填筑厚度相差悬殊，引起不均匀沉陷，产生裂缝。

（2）施工质量差。堤防施工时土料为黏性土且含水量较大，失水后引起干缩或龟裂，这种裂缝多数为表面裂缝或浅层裂缝，但北方干旱地区的堤防也有较深的干缩裂缝；筑堤时，如填筑土料中夹有淤土块、冻土块、硬土块；碾压不实，以及新老堤接合面未处理好，遇水浸泡饱和时，则易出现各种裂缝，黄河一带甚至出现湿陷裂缝；若堤防与交叉建筑物接合部处理不好，在不均匀沉陷以及渗水作用下，也易引起裂缝。

（3）堤身存在隐患。害堤生物如白蚁、獾、狐、鼠等的洞穴以及人类活动造成的洞穴，如坟墓、藏物洞、军沟战壕等，在渗流作用下引起局部沉陷产生的裂缝。

（4）水流作用。背水坡在高水位渗流作用下抗剪强度降低，当临水坡水位骤降或堤脚被掏空，常引起弧形滑坡裂缝，特别是背水坡堤脚有塘坑、堤脚发软时，更容易发生。

（5）振动及其他影响。如地震或附近爆破造成堤防基础或堤身砂土液化，引起裂缝；背水坡碾压不实，暴雨后堤防局部也有可能出现裂缝。

7.2.1.3 应急处置

（1）险情说明。堤（坝）裂缝按其出现的部位可分为表面裂缝、内部裂缝；按其走向可分为横向裂缝、纵向裂缝、龟纹裂缝。裂缝是堤（坝）常见的一种险情，它有时可能是其他险情（如滑坡等）的前兆。而且由于它的存在，洪水或雨水易于入侵堤（坝）内部，常会引起其他险情，尤其是横向裂缝，往往会造成堤（坝）的渗透破坏，甚至更严重的后果。因此，必须引起高度重视。

（2）险情分级标准。针对裂缝险情，选取裂缝方向、裂缝宽度、裂缝长度、缝中渗水情况和外水位为研判参数，将险情按严重程度分为一般、较大和重大3级，作为抢险方式选择的重要判别依据，参数由现场观测确定。

（3）险情严重程度判别。裂缝抢险，首先要按照表7.2-1进行险情判别，分析其严重程度，判明裂缝的走向，是横缝还是纵缝，是滑坡性裂缝还是沉降性裂缝，此外还应判断是深层裂缝还是浅层裂缝，必要时还应辅以隐患探测仪进行探测。

表 7.2－1　　　　　　　　　　　裂缝险情严重程度参考表

险情 严重程度	裂缝方向	裂缝宽度 /mm	裂缝长度 /m	缝中渗水情况	外 水 位 情 况
一般险情	表面龟裂、纵向	<2	<3	未见	低于警戒水位/低于汛限水位
较大险情	纵向 横向	3～10 2～5	3～10 2～5	微量	超警戒水位（<1m）/ 超汛限水位（<1m）
重大险情	纵向 横向	≥10 >5	>10 >5	较多	超警戒水位（≥1m）/ 超汛限水位（≥1m）

（4）抢护方法。

1）横墙隔断。适用于横向裂缝抢险。先沿裂缝方向开挖沟槽，再隔3～5m开挖一条横向沟槽，沟槽内用黏土分层回填夯实。如裂缝已与外水相通，开挖沟槽前，必须在迎水面采用抛填黏土等方法进行截渗。

图 7.2－1　横墙隔断示意图

2）封堵缝口。裂缝宽度小于1cm，深度小于1m，不甚严重的纵向裂缝及不规则纵横交错的龟纹裂缝，经观察已经稳定时，可用灌堵缝口的方法。具体做法如下。

a. 用干而细的砂壤土由缝口灌入，再用木条或竹片捣塞密实，如图7.2－1所示。

b. 沿裂缝作宽5～10cm，高3～5cm的小土埂，压住缝口，以防雨水浸入，如图7.2－2所示。

图 7.2－2　背坡纵向裂缝抢险效果图

7.2.2 滑坡

7.2.2.1 定义及危害

（1）定义。滑坡是指土堤、土坝边坡失稳发生滑动的现象，如图 7.2-3 所示，小型滑坡亦称为脱坡。根据滑坡影响范围大小，一般可分为堤（坝）本身与地基一起滑动的深层滑坡和只有堤（坝）本身局部滑动的浅层滑坡 2 种，前者滑动较深，滑动体较大，多呈圆弧形，也有的呈折线形，坡脚附近的

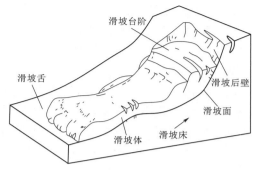

图 7.2-3　滑坡破坏示意图

地面土壤推挤外移、隆起，有时沿地基较弱滑动面一起滑动；后者滑动范围较小，滑裂面较浅。

（2）危害。堤防滑坡通常是由裂缝开始，需要及时发现并采取措施处理，则危害可减轻，如未及时发现、处理，可引起大的滑动，有引起溃堤的危险。

7.2.2.2 形成机理

滑坡分为迎水面坡滑坡和背水面滑坡，或叫外滑坡和内滑坡。

（1）迎水面滑坡主要是由于以下几种原因引起：

1）堤脚滩地迎流顶冲坍塌，崩岸逼近堤脚，堤脚失稳引起滑坡。

2）水位消退时，堤身饱水，容重增加，在渗流作用下，使堤坡滑动力加大，抗滑力减小，堤坡失去平衡而滑坡。

3）汛期风浪冲毁护坡，侵蚀堤身引起局部滑坡。

4）高水位时，临水坡土体大部分处于饱和、抗剪强度低的状态，当水位骤降，临水坡失去水体支持，加之坝体的反向渗压力和土体自重的作用，可能引起临水堤坡失稳滑坡。

5）持续特大暴雨或发生强烈地震、振动等，均有可能引起滑坡。

（2）背水面滑坡主要是由于以下几种原因引起：

1）堤身渗水饱和而引起的滑坡。通常在设计水位以下，堤身的渗水是稳定的，然而，在汛期洪水位超过设计水位或接近设计水位时，堤身的抗滑稳定性降低或达到最低值。再加上其他一些原因，最终导致滑坡。

2）遭遇暴雨或长期降雨而引起的滑坡。汛期水位较高，堤身的安全系数降低，如遭遇暴雨或长时间连续降雨，堤身饱水程度进一步加大，特别是对于已产生了纵向裂缝的堤段，雨水沿裂缝渗透到堤防深部，裂缝附近的土体因浸水而软化，强度降低，最终导致滑坡。

3）堤脚失去支撑而引起的滑坡。平时若不注意堤脚保护，更有甚者，在堤脚下挖塘，或未将紧靠堤脚的水塘及时回填等，这种地方是堤防的薄弱地段，堤脚下的水塘就是滑坡的出口。

4）土堤加高培厚，新旧土体之间结合不好，在渗水饱和后，形成软弱层。

7.2.2.3 应急处置

（1）险情说明。滑坡险情多发生在高水位情况下的背水坡面，也可发生在落水情况下的临水坡面，其一般是由弧形缝发展而成。滑坡险情的发生严重影响了堤防断面的抗洪能力，从而破坏堤防的稳定。

（2）险情分级标准。针对滑坡险情，选取滑体错位距离、滑体体积、滑弧底渗水情况（背水坡）、外水位为研判参数，将险情按严重程度分为一般、较大和重大3级，作为抢险方式选择的重要判别依据，参数由现场观测确定。

（3）险情严重程度判别见表7.2-2。

表7.2-2   滑坡险情严重程度参考表

险情严重程度	滑体错位 /cm	滑体体积 /m³	滑弧底渗水情况（背水坡）	外水位情况
一般险情	<1	<10	未见	低于警戒水位/低于汛限水位
较大险情	1~5	10~50	微量	超警戒水位（<1m）/超汛限水位（<1m）
重大险情	≥5	>50	较多	超警戒水位（≥1m）/超汛限水位（≥1m）

（4）抢护方法。

1）临水坡滑坡抢护方法。尽量增加抗滑力，尽快减小下滑力。具体地说，"上部削坡，下部固坡"，先固脚，后削坡。

2）背水坡滑坡的抢护方法。同时结合具体情况，因地制宜，分别采用削坡减载、开沟导渗、固脚阻滑、外帮截渗等方法加以处理，如图7.2-4所示。在这里特别指出，有些地方需采用打桩方法抢救滑坡。

（a）沙袋固脚阻滑   （b）机械削坡减载、开沟导渗

图7.2-4   背水坡滑坡抢险效果图

7.2.3 跌窝

7.2.3.1 定义及危害

（1）定义。跌窝（俗称陷坑或掉天洞）是指在雨中或雨后，或者在持续高水位情况下在堤身及坡脚附近局部土体突然下陷而形成的险情，如图7.2-5所示。这种险情不但破坏堤防断面的完整性，而且缩短渗径，增大渗透破坏力，有的还可能降低堤坡阻滑力，引

起堤防滑坡。特别严重的，随着跌窝的发展，渗水的侵入，或伴随渗水管涌的出现，或伴随滑坡的发生，可能会导致堤防突然溃口的重大险情。

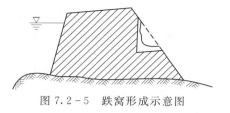

图 7.2-5 跌窝形成示意图

（2）危害。跌窝险情不但破坏土堤断面完整性，而且缩短渗径，增大渗透破坏力，有的还有可能降低堤坡阻滑力，引起土堤滑坡。特别严重的是随着跌窝的发展，渗水的侵入，或伴随渗水管涌的出现，或伴随滑坡的发生，会导致堤防出现突然溃口的重大险情。

7.2.3.2 形成机理

堤防出现跌窝的原因主要有以下几方面：

（1）堤防隐患。堤身或堤基内有空洞，如鼠、蚁等动物洞穴，坟墓、地窖、树坑等人为洞穴以及历史抢险遗留的梢料、木材等植物腐烂形成的洞穴等，这些洞穴在汛期经高水位浸泡或雨水淋浸、随着空洞周边土体的湿软，成拱能力降低，以至于塌落形成跌窝。

（2）堤身质量差。筑堤施工过程中，没有认真清基或清基处理不彻底，堤防施工分段接头部位未处理或处理不当，上料有未打碎的大石块，石块间有空隙，堤身填筑料混杂，回填碾压不实，堤内穿堤建筑物破坏或土石接合部位渗水处理不当等，经洪水或雨水的浸泡冲蚀而形成跌窝。

（3）渗透破坏。堤防渗水、管涌、接触冲刷、漏洞等险情未能及时发现和处理，或处理不当，渗水带走堤身土料造成堤身内部淘刷，堤身存在空洞，随着渗透破坏的发展扩大，发生塌陷导致跌窝。

7.2.3.3 应急处置

（1）险情说明。跌窝又称陷坑，是指堤（坝）顶或迎、背水坡发生局部塌陷的险情。跌窝有的呈盆形，有的呈井形。

（2）险情分级标准。针对跌窝险情，选取跌窝渗漏性状、发展趋势和外水位为研判参数，将险情按严重程度分为一般、较大和重大 3 级，作为抢险方式选择的重要判别依据，参数由现场观测确定。

（3）险情严重程度判别见表 7.2-3。

表 7.2-3 跌窝险情严重程度参考表

险情严重程度	跌窝特性及发展趋势	外水位情况
一般险情	跌窝内无渗漏，坍陷体积较小，坍陷无发展趋势	低于警戒水位/低于汛限水位
较大险情	跌窝内有渗漏现象，坍陷体积较小，坍陷无发展	超警戒水位（<1m）/超汛限水位（<1m）
重大险情	与渗水漏洞有关，坍陷体积较大，坍陷持续不断发展	超警戒水位（≥1m）/超汛限水位（≥1m）

（4）抢护方法。跌窝抢护的原则"查明原因，还土填实"，具体如下：

1）翻填夯实。在跌窝内无渗水、管涌或漏洞等险情情况下，先将坑内的松土翻出，分层填土夯实，直到跌窝填满。

2）填塞封堵。适用于迎水坡水下部位的跌窝。先将好土用编织袋、草袋或麻袋进行袋装，直接向水下填塞跌窝，填满后再抛投黏性散土加以封堵，如图7.2-6所示。

3）填筑滤料。当跌窝发生在背水坡，且伴随发生渗水或漏洞险情时，在截堵临水坡渗漏通道的同时，背水坡可采用填筑滤料法抢护。先清除跌窝内松土或湿软土，然后用粗砂填实。如水势严重，加填石子、块石、砖块、梢料等透水材料消杀水势。待跌窝填满后，可按砂石滤层铺设方法抢护，如图7.2-7所示。

图7.2-6 进口抛黏土抢险效果图

图7.2-7 出口筑反滤围井抢险效果图

7.2.4 崩岸

7.2.4.1 定义及危害

（1）定义。崩岸是在水流冲刷下临水面土体崩落的重要险情，是堤岸被强环流或高速

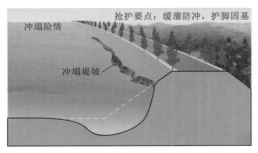

图7.2-8 崩岸示意图

水流冲刷淘深，岸坡变陡，上层土体失稳而塌落的现象，见图7.2-8。若崩塌土体呈条形，岸壁陡立，称为条崩；若崩塌体在平面和断面上为弧形阶梯，崩塌的长、宽和体积远大于条崩的，则称为窝崩。一般的崩岸分为条形倒崩、弧形坐崩和阶梯状崩塌等类型。崩岸的发展可使河床产生横向变形。

崩岸险情是由于水流冲击、浸泡或高水位骤降时因堤身渗水反向排除，导致堤身土体内部摩擦力和黏结力降低，抵抗不住土体自重和其他外力，可发生堤身土体或石方砌护体失稳破坏现象。

（2）危害。临水堤坡或控导工程被洪水冲塌，或退水期堤岸失去水体支撑，加上反向渗透压力，易于形成崩岸。该险情发生突然、发展迅速、后果严重，如抢护不及时，当堤外无滩或滩地极窄的情况时，崩岸将会危及堤防的安全。

河道岸坡迎着主流顶冲部位最容易引起崩岸滑坡，如长江中下游江堤3600km中，经常发生崩岸的就有1500km，占堤防长度的41.7%，1998年洪水期间发生崩岸险情达300多起，由此可见堤岸崩塌比较严重。实际上，堤防工程的迎水坡的滩地河岸，就是堤防工程的延伸部分，崩岸的发展必然会危及堤防的安全，因此防止江河堤防的崩塌滑坡也是保证堤防安全的前提。

河道险工最直接的表现就是堤岸崩塌。根据一般经验，坍塌时常伴随着河中的主流而发生，河中的主流靠近哪里，哪里就容易发生坍塌。坍塌主要有两种类型：①崩塌，大块堤岸连堤顶带边坡塌入水中；②滑脱，部分堤岸的土体向水内发生滑动。这两类险情，以崩塌最为严重。

7.2.4.2　形成机理

（1）崩岸（包括平面崩岸、板块崩岸和浅层崩岸）险情发生的机理，有以下几种情况：

1）堤岸抗冲能力弱。在水流侵袭、冲刷和弯道环流的作用下，堤外滩地或堤防基础逐渐被冲刷，使岸坡变陡，导致土体失去平衡而崩塌。

2）水位陡涨骤降，变幅大，堤坡、堤岸失去稳定性，在高水位时，堤岸浸泡饱和，土体含水量增大，抗剪强度降低；当水位骤降时，高水位时渗入土内并产生渗透水压力，力的方向与坡面一致，促使堤岸滑脱产生崩岸。

3）堤岸填筑时碾压不实、堤身内有隐患等，常使堤岸发生裂缝，再水渗入后使弱土层出现软化，土体的抗剪能力下降，使堤岸发生崩塌，如图 7.2-9 所示。

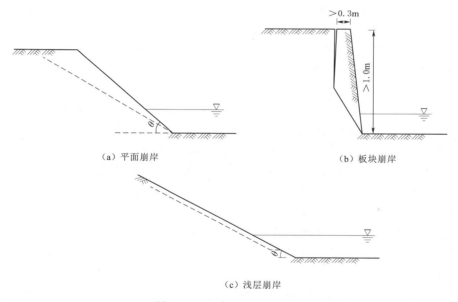

（a）平面崩岸　　（b）板块崩岸

（c）浅层崩岸

图 7.2-9　崩岸机理示意图

（2）崩岸险情发生的主要原因：在河流的弯道，主流逼近凹岸，深泓紧逼堤（坝），在水流侵袭、冲刷和弯道环流的作用下，堤（坝）外滩或基础逐渐被淘刷，使岸坡变陡，上层土体失稳而最终崩塌。崩岸险情的发生往往比较突然，事先较难判断，它不仅常发生在汛期的涨、落水期，在枯水季节也时有发生。具体原因如下：

1）河道流水水力破坏。由于水溜的浪坎，堤岸失去了平衡，因而发生坍塌现象。坍塌经常发生在以下地方：①河槽转变处的凹岸；②大溜顶冲的堤岸；③有丁坝或其他建筑物束窄河槽的地方。河道凹岸是河中主流集中的地方，流速大，河槽深，并引起横向环流。环流由于水质点离心力的关系，使水压向凹岸，并使水流的上层成为下降水流，以极大的流速猛烈地冲刷凹岸和附近的河底，把冲刷的泥沙携带到凸岸淤成浅滩。结果使凹岸的坡脚变陡或淘空，从而失去了支持力而发生坍塌。

河流转折的地方，水流顶冲堤岸。水流靠近堤岸时形成折冲水流，这样也能引起环流，猛烈地冲刷堤岸和河底，在堤岸坡脚下冲成深坑而引起坍塌和滑脱。垂直的丁坝，有时使水沿坝的上游边直冲堤岸。发生横流时，有的流向与堤岸几乎垂直，水流也直冲堤岸或折向上游。由于流动突然被阻，发生很大的冲击力，时常引起堤岸的崩塌而成灾。在有丁坝或其他建筑物束窄河道的地方，水位抬高，流速加大，河底刷深；并在丁坝的头部，引起涡流和回流将河底淘深。若丁坝基础破坏时，也会引起丁坝或附近堤岸的坍塌。

2）堤岸抗剪强度减弱。堤岸边坡的抗剪强度与土体的内摩擦角和黏结力有关，而内摩擦角又与土的密度有关。土的密度越大，各土粒间的接触点越多，摩擦力就越大；黏结力由土粒间吸引力和胶质体的黏结组成，密度越大，土壤越干燥，黏结力也越大。内摩擦力和黏结力大的时候，边坡就比较稳定。当堤岸被水浸润以后，土壤孔隙充满水，密度下降，内摩擦力减小；水把各土粒隔离，溶解胶质体，土的黏结力减小。在饱和的黏土中，黏结力可以完全消失，因此，堤岸土体浸湿以后，抗剪力会急剧减低。

3）堤岸发生裂缝而产生坍塌。堤岸的土体经过冻结或融化，时常使土壤的表层变松或发生裂缝；黏性土中的水分蒸发后，不仅难以压实达到设计的筑堤质量，而且时常使堤岸发生裂缝。当雨水渗入或地下水浸入时，土堤就有发生坍塌的可能。在土体被河水浸泡并经水流、风浪振荡后，更容易发生坍塌。

4）河中水位骤落引起的坍塌。当水位急剧下降时，已渗入堤防土体内的水，又反向流入河内，在这种渗透力的作用下，被浸透的坡面很容易产生滑落；特别是饱和的土壤重量增大，土粒间的摩阻力大大降低，更加会促使边坡滑脱或坍塌。

5）"上提下挫"后形成坍塌。河道由弯曲变顺直，主流靠岸的地方，河水的大溜一般逐渐移向下游；流径由顺直变弯曲，在主流靠岸的地方，大溜逐渐移向上游。河工称此现象为"上提下挫"。在主流的流势发生"上提下挫"时，河水的大溜可能脱离护岸而冲刷对岸，从而形成淘刷或坍塌。

6）地下水冲刷而引起的坍塌。地下水经过砂层流入河道内时，如果砂层的颗粒轻细，时常随着地下水流出，将堤岸基础淘空，也会引起堤岸的坍塌。这种现象多发生在低水位。

除以上主要原因外，还有很多其他方面的原因，如雨水过大顶部超载、违规建设、无序挖砂、河水污染、河道堵塞、发生地震等，都会引起堤岸崩塌。

7.2.4.3　应急处置

（1）险情说明。在河流的弯道，主流逼近凹岸，深泓紧逼堤（坝），在水流侵袭、冲刷和弯道环流的作用下，堤（坝）外滩或基础逐渐被淘刷，使岸坡变陡，上层土体失稳而最终崩塌。崩岸险情的发生往往比较突然，事先较难判断，它不仅常发生在汛期的涨、落水期，在枯水季节也时有发生。

崩岸险情的抢险原则，应根据崩岸产生的原因、抢护条件、运用要求等因素，特别是近岸水流的状况，崩岸后的水下情况以及抢险条件等因素，综合选用。首先要稳定坡脚，固基防冲。待崩岸险情稳定后，再酌情处理岸坡。抢险原则是先护脚抗冲，缓流挑流，减载加帮。

（2）险情分级标准。针对崩岸险情，选取崩岸特性及发展趋势和外水位为研判参数，将险情按严重程度分为一般、较大和重大3级，作为抢险方式选择的重要判别依据，参数由现场观测确定。

（3）险情严重程度判别。崩岸险情发生前，堤防临水坡面或顶部常出现纵向或圆弧形裂缝，进而发生沉陷和局部坍塌。因此，裂缝往往是崩岸险情发生的预兆。必须仔细分析裂缝的成因及其发展趋势，及时做好抢护崩岸险情的准备工作。必须指出：崩岸险情的发生往往比较突然，事先较难判断。它不仅常发生在汛期的涨、落水期，在枯水季节也时有发生；随着河势的变化和控导工程的建设，原来从未发生过崩岸的平工也会变为险工。因此，凡属主流靠岸、堤外无滩、急流顶冲的部位，都有发生崩岸险情的可能，都要加强巡查，加强观察。

勘查分析河势变化，是预估崩岸险情发生的重要方法。要根据以往上下游河道险工与水流顶冲点的相关关系和上下游河势有无新的变化，分析险工发展趋势；根据水文预报的流量变化和水位涨落，估计河势在本区段可能发生变化的位置；综合分析研究，判断可能的出险河段及其原因，做好抢险准备。具体崩岸险情严重程度判别详见表7.2－4。

表7.2－4　　　　　　　　　　　崩岸险情严重程度判别参考表

险情严重程度	崩岸特性及发展趋势	外水位情况
一般险情	小范围上部土体条崩，险情无发展	低于警戒水位/低于汛限水位
较大险情	较大范围上部土体条崩，险情无发展	超警戒水位（＜1m）/超汛限水位（＜1m）
重大险情	大范围上部土体条崩或岸脚冲刷失稳造成窝崩，险情发展较快	超警戒水位（≥1m）/超汛限水位（≥1m）

（4）抢护方法。崩岸险情是因水流冲刷堤身，土体内部摩擦力和黏结力抵抗不住土体的自重和其他外力，使土体失去平衡而坍塌。处理崩岸险情的主要措施有：护脚固基抗冲、缓流挑流防冲、丁坝导流、减载加帮、退堤还滩等。各种处置措施并不一定单独适用，很多情况下需要同时采用几种措施的组合才能发挥最大效用。具体抢护方法如下：

1）护脚固基抗冲法。当堤岸受水流冲刷，堤脚或堤坡已冲成陡坎，应针对堤岸前水流冲淘情况，尽快护脚固基，抑制急流继续淘刷。根据流速大小可采用土沙袋、块石、土工织物石枕和铅丝石笼等防冲物体，加以防护，具体做法如下：

先摸清坍塌部分的长度、宽度、深度，以便估算抢护所需劳力和物料。再在堤顶或船上沿坍塌部位抛投块石、土沙袋、土工织物石枕或铅丝石笼进行抛护。先从顶冲坍塌严重部位抛护，然后依次上下进行，抛至稳定坡度为止。为了达到抗冲稳定，抛护后水下坡度宜缓于原堤坡，一般抛成1∶3的缓坡。

a. 抛石块。

（a）抛石方式。抛石护脚是平顺坡式护岸下部固基的主要方法，也是处理崩岸险工的一种常见的、应予优先选用的措施，如图7.2－10和图7.2－11所示。抛石护脚具有就地取材、施工简单，可以分期实施的特点。平顺坡式护岸方式较均匀地增加了河岸对水流的抗冲能力，对河床边界条件改变较小。所以，在水深流速较大以及迎流顶冲部位的护岸，通常采这一型式。我国长江中下游河段水深流急，总结经验认为最宜采用平顺护岸型式。我国许多中小河流堤防及湖堤均采用平顺坡式护岸，起到了很好的作用。抛投石块应从险情最严重的部位开始，依次向两边展开。首先将石块抛入冲坑最深处，逐步从下层向上层，以形成稳定的阻滑体。在抛石过程中，要随时测量水下地形，掌握抛石位置，以达到稳定坡度为止，一般为 1 : (1~1.5)。

图 7.2 - 10　船上抛石抢险　　　　　　图 7.2 - 11　岸上抛石抢险

抛投石块应尽量选用大的石块，以免流失。在条件许可的情况下，应通过计算确定抗冲抛石粒径。在流速大、紊动剧烈的坝头等处，石块重量一般应达 30~75kg；在流速较小，流态平稳的顺坡坡脚处，石块重量一般也不应小于 15kg。

（b）抛石厚度和稳定坡度的要求。抛石厚度应不小于抛石粒径 2 倍，水深流急处宜为 3~4 倍。一般厚度可为 0.6~1.0m，重要堤段宜为 0.8~1.0m。

（c）抛石落距定位的估算。抛石护脚施工中，抛石的落点受流速、水深、石重等因素的影响，抛石落点不易掌握，常有部分石块散落河床各处，不能起到护岸护滩作用，造成浪费。在抛投前应先进行简单的现场试验，测定抛投点与落点的距离，然后确定抛投船的泊位。

（d）抛石区段滤层的设置。崩岸抢险可采用单纯抛石以应急，但抛石区段无滤层，易使抛石下部被淘刷导致抛石的下沉崩塌。无滤层或垫层的抛石护脚运用一段时间后，发生破坏的工程实例已不鲜见。为了保护抛石层及其下部泥土的稳定，就需要铺设滤层。近来广泛采用的土工织物材料，可满足反滤和透水性的准则，且具有一定的耐磨损和抗拉强度、施工简便等优点。铺设滤层设计选用土工织物材料时，必须按反滤准则和透水性控制织物的孔径。

（e）抛石护脚施工方法。抛石护脚要严格按施工程序进行，设计确定好抛石船位置。抛投应由上游而下游，由远而近，先点后线，先深后浅，顺序渐近，分层抛匀，不得零抛散堆。一般施工前、后均应进行水下抛护断面的测量。特别是施工过程中，应按时测记施工河段水位、流速，检验抛石位移，随抛随测抛石高程，不符合要求者，应及时补充。

（f）突击抢抛施工方法。集中力量，一次性抛入大量石块，避免零抛散堆，造成不必要的石块流失。从堤岸上抛投时，为避免砸坏堤岸，应采用滑板，保持石块平稳下落。当堤岸抛石的落点不能达到冲坑最深处时，这一施工方法不宜单独运用，应配合船上抛投，形成阻滑体，否则，起不到抛石的作用。

（g）抛石前准备工作。在抛石前采用回声探测仪进行堤岸水下地形测量，以确定抛石区域。

（h）划分抛石区。按技术规范要求，为确保抛石准确到位，应对抛石区域进行分区。

（i）测量放样。采用全站仪测放出所需抢险的控制点，以40m为一个断面，插上旗帜作为标志，以断面旗帜的平面位置和方向作为平面定位的基准。

（j）定位船定位。放样结束后，将施工定位船拖到施工地点进行抛锚定位，用全站仪测出定位船至断面旗帜的位置，以确定抛石船的位置。

（k）抛石船就位。定位船定位后，由拖轮将抛石驳船拖到指定的抛石位置，将驳船挂在定位船上，每次挂两条船，两条船串联，二船之间用缆绳拴好；为防止摆动，在下游设定位小船，定位方式同定位船，将下游船的船尾拴在定位小船上，形成一条线，避免石驳在水流作用下摆动，以保证抛石的精度。

（l）抛石作业。按技术规范要求抛石顺序为：从上游向下游依次抛石；即先上游、后下游；先深滩、后浅滩，先远后近的程序进行。抛石采用人工作业，在抛石施工人员中配备一定数量具有抛石经验的技术人员，同时在每一条抛石船上安排技术和质量管理人员，加强管理，严格按计算的数量和位置进行抛填。

（m）质量检查、补抛及枯水期整形。由于抛石到水下质量难以直接观察，为保证抛石质量，可采用"划分小区，停船定位，定量多次抛填"的施工方案，抛石过程中通过GPS和回声探测仪探查抛石情况，并对薄弱部位进行补抛。在河流处于枯水位，水下抛石露出水面后对抛石区进行整形。

b. 抛石笼。当现场石块体积较小，抛投后可能被水冲走时，可采用抛投石笼的方法。以预先编织、扎结成的铅丝网、钢筋网，在现场充填石后抛投入水。抛笼应从险情严重部位开始，并连续抛投至一定高度。可以抛投笼堆，亦可普遍抛笼。在抛投过程中，需不断检测抛投面坡度，一般应使该坡度达到1:1。石笼抛投防护的范围等要求，与抛石护脚相同。石笼体积一般可达$1.0 \sim 2.5 \mathrm{m}^3$，具体大小应视现场抛投方式和能力而定。

在崩岸除险加固中，抛投石笼一般在距水面较近的坝顶或堤坡平台上，或船只上实施。船上抛笼，可将船只锚定在抛笼地点直接下投，以便较准确地抛至预计地点。在流速较大的情况下，可同时从堤顶和船只上抛笼，以增加抛投速度。抛笼完成以后，应全面进行一次水下探摸，将笼与笼接头不严处，用大块石抛填补齐。

c. 抛土袋。在缺乏石料的地方，可利用草袋、麻袋和土工编织袋充填土料进行抛投护脚。在抢险情况下，采用这一方法是可行的。其中土工编织袋又优于草袋、麻袋，相对较为坚韧耐用。每个土袋重量宜在50kg以上，袋子装土的充填度为70%～80%，以充填砂土、砂壤土为好，装填完毕后用铅丝或尼龙绳绑扎封口。可从船只上，或从堤岸上用滑板导滑抛投，层层叠压。如流速过高，可将2～3个土袋捆扎连成一体抛投。在施工过程中，需先抛一部分土袋将水面以下深槽底部填平。抛袋要在整个深槽范围户进行，层层交错排列，顺坡上抛，坡度1:1，直至达到要求的高度。在土袋护体坡面上，还需抛投石块和石笼，以做保护。在施工中，要严防尖硬物扎破、撕裂袋子。

　　d. 抛柳石枕。对淘刷较严重、基础冲塌较多的情况，仅抛石块抢护，因间隙透水，效果不佳。常可采用抛柳石枕抢护。柳石枕的长度视工地条件和需要而定，一般长 10m 左右，最短不小于 3.0m，直径 0.8～1.0m。柳、石体积比约为 2∶1，也可根据流速大小适当调整比例。推枕前要先探摸冲淘部位的情况，要从抢护部位稍上游推枕，以便柳石枕入水后有藏头的地方。若分段推枕，最好同时进行，以便衔接。要避免枕与枕交叉、搁浅、悬空和坡度不顺等现象发生。如河底淘刷严重，应在枕前再加抛第二层枕。要待枕下沉稳定后，继续加抛，直至抛出水面 1.0m 以上。在柳石枕护体面上，还应加抛石块、石笼等，以做保护。

　　2）退堤还滩法。当崩岸险情发展迅速，一时难以控制时，还应考虑在崩岸堤段外一定距离抢修第二道堤防，俗称月堤。这一方法就是对崩岸险工除险加固时常采用的退堤还滩措施。退堤还滩就是在堤外无滩或滩窄、堤身受到崩岸威胁的情况下，重新规划堤线，主动将堤防拆除重建，以让出滩地，形成对新堤防的保护前沿。在河道变动逼近堤防，而保护堤岸又有一定困难时，往往采用这种退守新线的做法。在长江中游干堤上，许多崩岸险工的处理都采取了这一方法。在抢险的紧急关头，为防止堤防的溃决，有时也不得不采用这一应急措施，确保安全。退堤还滩不可避免地要丧失原堤外的大片土地。因此，一般需进行技术经济方案比较，全面认证这一方法的可行性。在城市等重要区段，这一方法的运用难免受到限制。

　　退堤还滩要重新规划堤线。新堤线应大致与洪水流向平行，并照顾到中水河床岸线的方向。岸线弯曲曲率半径不宜过大，以使洪水时水流情况良好，避免急流顶冲情况的发生。新堤线与中水河床岸线应保持一定距离。这一距离大小应随当地岸滩冲刷强度而异，一般应保证 5～10 年内岸滩淘刷不会危及堤身。退堤还滩方案实施后，在滩地淘刷继续发展的河段，要采取必要的护滩措施，如抛石护脚、丁坝导流等。

　　3）减载加帮及其他措施。

　　a. 减载加帮。在采用上述方法控制崩岸险情的同时，还可考虑临水削坡、背水帮坡的措施。为了抑制崩岸险情的继续扩大，维持尚未坍塌堤脚的稳定，应移走堤顶堆放的料物或拆除洪水位以上的堤岸。特别是坡度较陡的砌石堤岸，尽可能拆除，并将土坡削成 1∶1 的坡度，以减轻荷载。因坍塌或削坡使堤身断面过小时，应在堤的背水坡抢筑后戗或培厚堤身。

　　b. 墙式防护。在河道狭窄、堤外无滩易受水流冲刷、保护对象重要、受地形条件或已建建筑物限制的崩岸堤段，常采用墙式防护的方法除险加固。墙式防护为重力式挡土墙护岸，它对地基要求较严，造价也较高。墙式护岸的结构型式，一般临水侧可采用直立式，背水侧可采用直立式、折线式、卸荷台阶式等。在满足稳定要求的前提下，断面宜尽量小些，以减少占地。墙体材料可采用钢筋混凝土、混凝土和浆砌石等。墙基应嵌入堤岸坡脚一定深度，以满足墙体和堤岸整体抗滑稳定和抗冲刷的要求。如冲刷深度大，还需采取抛石等护脚固基措施，以减少基础埋深。

　　c. 桩式防护。桩式防护是崩岸险工处置的重要方法之一。它对维护陡岸的稳定，保护堤脚不受急流的淘刷，保滩促淤的作用明显。桩式护岸应根据设桩处的水深、流速、地质、泥沙等情况，分析确定桩的长度、直径、入土深度、桩距、排数等。维护陡岸稳定的阻滑桩可采用木桩、钢筋混凝土桩、钢桩、大孔径灌注桩等，常在抢险中运用。保护堤脚不受急流淘刷的护岸桩等，常与抢险配合采用，一般宜设于石砌脚外的滩面。目前，这种护岸桩已逐渐为板桩或地下连续墙所取代。护岸保滩促淤的桩坝常用于多沙河流的护岸。按顺坝型式布置的桩坝，可以采用桩间留有适当间隙的成排大直径灌注桩组成；按透水短丁坝群布置的桩坝，可以以木桩或预制混凝土桩为骨架，配以编篱、堆石等构成屏蔽。

桩式护岸在采用钢筋混凝土桩、钢桩、灌注桩等型式时，施工比较复杂，造价也较高，需进行技术经济比较，以确定其在崩岸除险加固中的适用性。先对崩塌岸坡进行清理，再抛投土袋、块石等防冲物。对于水深流急处的抢护，可将块石装入铅丝笼、竹条笼再进行抛投。抛投从崩塌严重部位开始，依次向两边展开，抛至岸坡稳定为止。

7.2.5　穿堤建筑物、管道裂缝

7.2.5.1　定义及危害

（1）定义。建筑物裂缝是指穿堤建筑物本身出现裂缝，一般有表面裂缝、内部裂缝和贯通性裂缝；管道断裂是建筑物提水、引水混凝土管道因土体变形、水压力及管道重力等原因而发生的断裂险情。

（2）危害。建筑物裂缝或管道断裂均容易使建筑物破坏、失稳、破坏而引起堤防溃口。

7.2.5.2　形成机理

建筑物裂缝、管道断裂一般都是由于承载建筑物的土体不稳，或出现裂缝、坍塌而引起建筑物受力不均而出现裂缝或断裂。

7.2.5.3　应急处置

（1）险情说明。穿堤（坝）建筑物主体或构件，受温度变化、水化学侵蚀以及设计、施工、运行不当等因素影响，会出现不同程度的开裂现象。按裂缝特征可分为表面裂缝、内部深层裂缝和贯通性裂缝。

（2）险情分级标准。针对穿堤（坝）建筑物裂缝险情，选取裂缝险情状况和外水位为研判参数，将险情按严重程度分为一般、较大和重大3级，作为抢险方式选择的重要判别依据，参数由现场观测确定。

（3）险情严重程度判别。穿堤（坝）建筑物裂缝险情严重程度的判别详见表7.2-5：

表7.2-5　　　　穿堤（坝）建筑物裂缝险情严重程度判别表

险情严重程度	裂缝险情状况	外水位情况
一般险情	建筑物主体结构出现较窄表面裂缝	低于警戒水位/低于汛限水位
较大险情	建筑物主体结构出现结构裂缝，但尚未贯穿	超警戒水位（<1m）/超汛限水位（<1m）
重大险情	建筑物主体结构出现贯穿裂缝，甚至出现位移、失稳、倒塌	超警戒水位（≥1m）/超汛限水位（≥1m）

（4）抢护方法。

1）表面裂缝处理。表面裂缝一般对结构强度无影响，但影响抗冲耐蚀或容易引起钢

筋锈蚀的干缩缝、沉陷缝、温度缝和施工缝都要处理，处理方法有以下 5 类。

a. 表面涂抹：即用水泥浆、水泥砂浆、防水快凝砂浆、环氧基液或环氧砂浆等涂抹在裂缝部位的混凝土表面，涂抹前需对混凝土面凿毛，并尽可能使糙面平整。

b. 表面粘补：即用胶黏剂把橡皮、氯丁胶片、塑料带、玻璃布或紫铜片等止水材料粘贴在裂缝部位。

c. 凿槽嵌补：即沿裂缝凿一深 4～6cm 的 V 形、"＼／"形或"△"形槽，槽内嵌填环氧砂浆、预缩砂浆（干硬性砂浆）、沥青油膏、沥青砂浆、沥青麻丝或聚氯乙烯胶泥等防水材料，当嵌填沥青材料或胶泥时，表层要用水泥砂浆、预缩砂浆或环氧砂浆封面保护。

d. 喷浆修补：即在经凿毛处理的裂缝部位喷射一层密实且强度高的水泥砂浆保护层。根据裂缝所在部位、性质和修补要求及条件，可分别采用无筋素喷浆、挂网喷浆结合凿槽嵌补等处理方法。

e. 加防渗层：即在产生多条裂缝的上游面普遍加做浇筑式沥青砂浆或沥青防渗层，或加做涂抹式环氧树脂防渗层或喷浆防渗层。

2）深层裂缝处理。此法适用于对结构强度有影响或裂缝内渗透压力影响建筑物稳定的沉陷缝、应力缝、温度缝和施工缝。常用的处理方法是灌浆，也有沿裂缝面抽槽回填混凝土的。当裂缝宽度大于 0.5mm 时，可采用水泥灌浆；裂缝宽度小于 0.5mm 时，采用化学灌浆；对于渗透流速较大或受温度变化影响的裂缝，不论其开度如何，均宜采用化学灌浆处理。

3）裂缝综合处理。此法适用于严重影响结构强度或可能影响建筑物整体稳定与安全的裂缝。处理方法是除对裂缝本身进行表面或内部处理外，还要骑缝加混凝土三角形或圆形塞，或采取预应力锚固、灌浆锚杆、加箍、加撑或加大构件断面等加固措施，有时还要辅以排水减压措施。

7.2.6　建筑物滑动失稳

7.2.6.1　定义及危害

（1）定义。建筑物滑动失稳是指堤防上的固定建筑物因上游水压力、浪压力、扬压力增大等原因，导致穿堤涵闸发生移动的现象。

（2）危害。建筑物滑动失稳为重大险情，容易引起溃口。

7.2.6.2　形成机制

（1）建筑物地基因浸泡时间过长而松软，在上游水压力、浪压力、扬压力的作用下，滑动。

（2）建筑物下游土体滑动而引起建筑物滑动、失稳。

（3）承载建筑物的土体整体出现滑坡，而引起建筑物滑动、失稳。

7.2.6.3　应急处置

（1）险情说明。当闸（站）防渗、止水设施破坏，反滤失效，增大了渗透压力和浮托力，同时地基土产生了渗透破坏，导致闸（站）产生滑动失稳。

（2）险情严重程度判别。闸（站）滑动失稳为重大险情，必须立即抢护。

（3）抢护方法。抢护原则是"减小滑动力、增加摩阻力"。

1）下游堆重阻滑：适用于圆弧滑动和混合滑动两种险情抢护，在可能出现滑动面下端，堆放沙袋、块石等重物，注意加载不得超过限度，如图7.2-12所示。

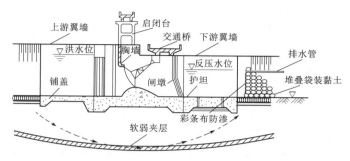

图 7.2-12　下游堆重阻滑抢险示意图

2）下游蓄水平压：在闸（站）下游一定范围内用土袋或土筑成围堤，充分壅高水位，减小水头差，如图7.2-13所示。

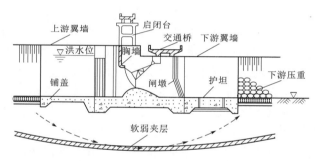

图 7.2-13　下游蓄水平压抢险示意图

7.3　淹没破坏险情

7.3.1　漫溢

7.3.1.1　定义及危害

（1）定义。漫溢是因土堤局部堤段高程不够，洪水位高出堤顶，从堤顶漫出而形成，工程中多称为漫顶。通常土堤是不允许堤身过水的，发生这种险情通常是由于土堤洪水设计标准偏低，或者发生超标准洪水所致。一旦发生漫溢的重大险情，引起严重冲刷，如果抢险不及时，极易造成堤防的溃决。因此在汛期应采取紧急措施防止漫溢的发生。

（2）危害。对于土堤来说，洪水一旦漫溢未得到及时有效的处置，如未进行加高培厚，形成溃口，其后果将是毁灭性的。1998年汛期，长江、嫩江和松花江流域的很多堤段都发生了洪水位超越堤顶高程，形成溃口的重大险情。汛期应根据水文气象预报洪水上涨的趋势，如堤防前水位将可能超过堤顶高程，发生洪水翻堤的危险，危及堤防整体安全时，应采取加高堤顶的紧急措施，防止土堤漫溢事故的发生。

7.3.1.2　形成机理

漫溢险情发生的机理如下：①原堤的设计标准比较低，导致堤顶高程低；②堤身的沉降量比较大，再加上风浪的壅高，超过了原堤顶高程，而形成漫溢险情，如图 7.3－1（a）所示；③超过设计标准的特大洪水，越过堤顶，形式漫顶，如图 7.3－1（b）所示。

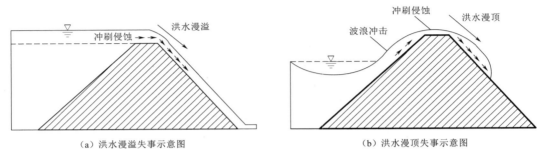

（a）洪水漫溢失事示意图　　　　　　　　（b）洪水漫顶失事示意图

图 7.3－1　洪水漫溢和漫顶失事示意图

造成漫溢的主要原因如下：

（1）实际发生的洪水超过了水库、河道堤防的设计标准。设计标准一般是准确且具权威性的，但也可能因为水文资料不够、代表性不足或由于认识上的原因，使设计标准定得偏低，形成漫溢的可能。这种超标准洪水的发生属非正常情况；或者由于发生大暴雨，降雨集中，强度大、历时长、河道宣泄不及、洪水超过设计标准、洪水位高于堤顶。

（2）堤防本身未达到设计标准。这可能是投入不足，堤顶未达到设计高程；或施工中堤坝未达到设计高程；或因地基软弱，碾压不实，沉陷过大，使堤顶高程低于设计值；或设计时对波浪的计算与实际不符，致使在最高水位浪高超过堤顶。

（3）河道严重淤积、过洪断面减小并对上游产生顶托，使淤积河段及其上游河段洪水位升高。

（4）因河道上人为建筑物阻水或盲目围垦，减小了过洪断面，河滩种植增加了糙率，影响了泄洪能力，使洪水位增高。

（5）河势的变化、潮汐顶托、主流坐弯，风浪过大以及风暴潮、地震引起水位增高。

对已达防洪标准的堤防，当水位已接近或超过设计水位时，以及对尚未达到防洪标准的堤防，当水位已接近堤顶，仅留有安全超高富余时，应运用一切手段，适时收集水文、气象信息，进行水文预报和气象预报，分析判断更大洪水到来的可能性以及水位可能上涨的程度。为防止洪水可能的漫溢溃决，应根据准确的预报和河道的实际情况，在更大洪峰到来之前抓紧时机，尽全力在堤顶临水侧部位抢筑子堤。一般根据上游水文站的水文预报，通过洪水演进计算的洪水位准确度较高。没有水文站的流域，可通过上游雨量站网的降雨资料，进行产汇流计算和洪水演进计算，做出洪峰和汇流时间的预报。目前气象预报已具有相当高的准确程度，能够估计洪水发展的趋势，从宏观上提供了加筑子堤的决策依据。大江大河平原地区行洪需历经一定时段，这为决策和抢筑子堤提供了宝贵的时间，而山区性河流汇流时间就短得多，决策和抢护更为困难。

7.3.1.3　应急处置

（1）险情说明。漫溢险情的抢护原则是"预防为主，水涨堤高"。当洪水位有可能超过堤（坝）顶时，为了防止洪水漫溢，应迅速果断地抓紧在堤坝顶部，充分利用人力、机械，因地制宜，就地取材，抢筑子堤，力争在洪水到来之前完成。

（2）险情严重程度判别。对于土质堤（坝）而言，漫溢为重大险情，必须及时抢护。

（3）抢护方法。防漫溢抢护常采用的方法是：运用上游水库进行调蓄，削减洪峰，加高加固堤防工程，加强防守，增大河道宣泄能力，或利用分洪、滞洪和行洪措施，减轻堤防工程压力，对河道内的阻水建筑物或急弯壅水处，应采取果断措施进行拆除清障，以保证河道畅通，扩大排洪能力。下面介绍几种一般性抢护方法。

1）纯土子堤。纯土子堤应修在堤顶靠临水堤肩一边，其临水坡脚一般距堤肩 0.5～1.0m，顶宽 1.0m，边坡不陡于 1∶1，子堤顶应超出推算最高水位 0.5～1.0m。在抢筑前，沿子堤轴线先开挖一条结合槽，槽深 0.2m，底宽约 0.3m，边坡 1∶1。清除子堤底宽范围内原堤顶面的草皮、硬化路面及杂物，并把表层创松或挖成小土槽，以利新老土结合。在条件允许时，应在背河堤脚 50m 以外取土，以维护堤坝的安全，如遇紧急情况可用汛前堤上储备的土料——土牛修筑，在万不得已时也可临时借用背河堤肩浸润线以上部分土料修筑。土料宜选用黏性土，不要用砂土或有植物根叶的腐殖土料。填筑时要分层填土夯实，确保质量。此法能就地取材，修筑快，费用省，汛后可加高培厚成正式堤防工程，适用于堤顶宽阔、取土容易、风浪不大、洪峰历时不长的堤段。

2）土袋子堤。采用土袋子堰抢护，子堰应在堤（坝）顶外侧抢做，至少要离开外堤（坝）肩 0.5m，以免滑动，如图 7.3-2 所示。堰后留有余地，以利于巡汛抢险时，可以往来奔走，无所阻碍。要根据土方数量及就地可能取得的材料，决定施工方法，并适当组织劳力。要全段同时开工，分层填筑。不能等筑完一段再筑另一段，以免洪水从低处漫进而措手不及。

图 7.3-2　土袋子堤抢险效果图

a. 用麻袋、草袋或编织袋装土约七成，将袋口缝紧。

b. 将黏土袋铺砌在堤顶离临水坡肩线约 0.5m。袋口向内，互相搭接，用脚踩紧。

c. 第一层上面再加第二层，第二袋要向内缩进一些。袋缝上下必须错开，不可成为直线。逐层铺砌，到规定高度为止。

3）桩梢子堤。在土质较差、取土困难、缺乏土袋，但梢料较多的地方时，可就地取材，可抢修桩梢子堤。它的具体做法是：在临水堤肩 0.5～1.0m 处先打一排木桩，桩长可根据子堤高而定，梢段长 5～10cm，木桩入土深度为桩长的 1/3～1/2，桩距为 0.5～1.0m。桩后逐层叠放梢料，用铅丝绑扎在木桩上，也可用木板或土工布、竹把、席片捆于桩上，然后分层填土夯实，形成土戗。土戗顶宽 1.0m，边坡不陡于 1∶1，具体做法与纯土子堤相同。此外，若堤顶较宽，也可用双排桩柳子堤。排桩的净排距为 1.0～1.5m，相对绑上木板或土工布、竹把、席片，然后在两排桩间填土夯实。两排桩的桩顶可用 16～20 号铅丝对拉或用木杆连接牢固。

4）柳石（土）枕子堤。当取土困难，土袋缺乏而柳源又比较丰富时，适用此法。具体做法：一般在堤顶临水一边距堤肩 0.5～1.0m 处，根据子堤高度，确定使用柳石枕的数量。如高度为 0.5m、1.0m、1.5m 的子堤，分别用 1 个、3 个、6 个枕，按"品"字形堆放。第一个枕距临水老肩 0.5～1.0m，并在其两端最好打木桩 1 根，以固定柳石（土）枕，防止滚动，或在枕下挖深 0.1m 的沟槽，以免枕滑动和防止顺堤顶渗水。枕后用土做戗，开挖接合槽，刨松表层土，并清除草皮杂物，以利两者接合。然后在枕后分层铺土夯实，直至戗堤顶。戗堤顶宽一般不小于 1.0m，边坡不陡于 1∶1，如土质较差，应适当放缓坡度。

5）预置子埝。预置子埝是引用水工中面板坝原理，用角架、横梁、当水支撑板等连接形成刚性子堤坝体，挡水支撑板和挡水防渗布起到面板坝挡水作用。预置子埝突破传统思维模式，摒弃传统筑堤材料和工艺，是一种全新、快捷、廉价、环保型防灾减灾器材。具有：高效快捷；组坝灵活、适应性强；便于储运、造价低廉；回收复用、绿色环保等特点。主要用于砂壤土、壤土、黏土及混凝土、柏油等软硬质地地方做应急防漫溢抢险用。

6）防洪（浪）墙防漫溢子堤。当城市人口稠密缺乏修筑土堤的条件时，常沿江河岸修筑防洪墙；当有涵闸等水工建筑物时，一般都设置浆砌石或钢筋混凝土防浪墙。当遭遇超标准洪水时，可利用防浪墙作为子堤的迎水面，在墙后利用土袋加固加高挡水。土袋应紧靠防浪墙背后叠砌，宽度、高度均应满足防洪和稳定的要求，其做法与土袋子堤相同。但要注意防止原防浪墙倾倒，可在防浪墙前抛投土袋或块石。

7）编织袋土子堤。使用编织袋修筑子堤，在运输、储存、费用，尤其是耐久性方面，都优于以往使用的麻袋、草袋。最广泛使用的是以聚丙烯或聚乙烯为原料制成的编织袋。用于作为子堤的编织袋，一般宽为 0.5～0.6m，长为 0.9～1.0m，袋内装土质量为 40～60kg，以利于人工搬运。当遇雨天道路泥泞又缺乏土料时，可采用编织袋装土修筑编织袋土子堤（最好用防滑编织袋），编织袋间用土填实，防止涌水。子堤位置同样在临河一侧，顶宽 1.5～2.0m，边坡可以陡一些。当流速较大或风浪大时，可用聚丙烯编织布或无纺布制成软体排，在软体下端缝制直径为 30～50cm 的管状袋。在抢护时将排体展开在临河堤肩，管状袋装满土后，将两侧袋口缝合，滚排成捆，排体上端压在子堤顶部或打桩挂排，用人力一齐滚排体下沉，直至风浪波谷以下，并可随着洪水位升降变幅进行调整。

（4）防漫溢抢险应注意的事项。

1）根据洪水预报估算洪水到来的时间和最高水位，做好抢修子堤的料物、机具、劳力、进度和取土地点、施工路线等安排。在抢护中要有周密的计划和统一的指挥，抓紧时间，务必抢在洪水到来之前完成子堤的修筑。

2）修筑子堤前要布置堤线，平整顶面，务必开挖接合槽。

3）抢筑子堤务必全线同步施工，突击进行，决不能做好一段再加一段，绝不允许留有缺口或部分堤段施工进度过慢的现象存在。

4）为了争取时间，子堤断面开始可修得矮小些，然后随着水位的升高而逐渐加高培厚。

5）抢筑子堤要保证质量，派专人监督，要经得起洪水期考验，绝不允许子堤溃决，造成更大的溃决灾害。

6）子堤切忌靠近背河堤肩，否则，容易造成堤背顶部研塌。而且对行人、运料及对继续加高培厚子堤的施工，都极为不利。

7）子堤往往很长，一种材料难以满足。当各堤使用不同材质时，应注意处理好相邻段的接头处，要有足够的衔接长度。

7.3.2　风浪

7.3.2.1　定义及危害

（1）定义。堤防临水坡因风浪冲击造成土体被冲刷的现象称为风浪险情。

（2）危害。在汛期中，水面较宽风浪较大的堤（坝），被风浪冲击淘刷，迎水坡土粒易被水流冲走，轻则把堤（坝）冲刷成浪坎，使其发生崩塌险情；重则使堤（坝）完全破坏造成溃口。

7.3.2.2　形成机理

（1）堤坡抗冲能力差。施工时，土质差，碾压不实，护坡薄弱，断面又单薄或高度不足等现象，都会造成抗冲能力不足。

（2）风大浪高冲击力强。堤前水面宽深，往往风速大、风向和吹程一致，易产生高浪及强大的冲击力，直接冲刷堤坡。

（3）风浪爬高增加水面以上堤身的饱和范围，降低了土体的抗剪强度。

（4）堤顶高程不足。当波浪高度较高时，超过堤顶高程时，波浪将会产生越顶冲刷现象，严重时，将有可能造成决口事故的发生。

7.3.2.3　应急处置

（1）险情说明。在汛期中，水面较宽风浪较大的堤（坝），被风浪冲击淘刷，迎水坡土粒易被水流冲走，轻则把堤（坝）冲刷成浪坎，使其发生崩塌险情；重则使堤（坝）完全破坏造成溃口。

（2）险情分级标准。针对风浪险情，选取迎水坡淘刷状况和外水位为研判参数，将险情按严重程度分为一般、较大和重大 3 级，作为抢险方式选择的重要判别依据，参数由现场观测确定。

（3）险情严重程度判别详见表 7.3-1。

表 7.3-1　　　　　　　　　　风浪险情严重程度参考表

险情严重程度	迎水坡淘刷状况	外水位情况
一般险情	护坡被风浪冲刷出现小范围位移或掉块，或迎水坡土出现较浅的冲坑	低于警戒水位/低于汛限水位
较大险情	护坡被风浪冲刷出现较大范围掉块，或迎水坡土出现较深的冲坑	超警戒水位（<1m）/超汛限水位（<1m）
重大险情	护坡被风浪冲刷出现很大范围掉块，或迎水坡土出现严重掏空或坍塌	超警戒水位（≥1m）/超汛限水位（≥1m）

（4）抢护方法。

1）铺设防浪布，施工方法如下：①用编制袋装卵石或砂，不要装的太满，约装编织袋容积的 2/3，然后用绳缝口；②把彩条布铺设于迎水坡上，下部打小直径阻滑桩并用沙袋压住彩条布下端，堤（坝）顶用沙袋压住彩条布上端，如图 7.3-3 所示。

2）挂树枝防浪，施工方法如下：①用编制袋装卵石或砂，不要装的太满，约装编织袋容积的 2/3，然后用绳缝口；②把砍好的树枝铺设于迎水坡上，末梢朝下置入水中，树枝上部用沙袋压住，如图 7.3-4 所示。

图 7.3-3　铺设彩条布防浪抢险效果图　　　　图 7.3-4　挂树枝防浪抢险效果图

7.4　地震险情

7.4.1　地震险情定义及发生机理

地震险情是指堤防由于地震作用造成的破坏而导致的险情。地震是一种偶发荷载，一旦发生超出设计抗震水平的地震所造成的灾害往往是毁灭性的，可能会造成堤防塌陷、土体破碎、液化、纵横裂缝、滑坡、坍塌等险情；对穿堤建筑物可能造成断裂、倾倒、滑动、闸门启闭失灵等险情。尤其对于堤身堤基中广泛分布粉砂土的堤防遭遇地震时粉砂土液化，抗剪强度降低，丧失承载能力和抗剪能力，可能造成堤防完全失去抗洪能力。

由地震发生时可能引起堤防失事破坏是极其复杂的，它可能引起多种险情。另一个主要的特征就是在堤防破坏地段多伴有喷砂、喷水的现象。从大量的破坏实例可以得知由地震引起的堤防破坏是与地形、地质条件密切相关的。由于堤防是沿着河道而筑造，河道周围的地层中一般存在新近堆积的松散砂层，尤其在回填地段地基表层中的松散砂层是堤防破坏的主要内因。

7.4.2　地震险情处置方式

（1）因洪水及潮水的泛滥而建造的土构筑物，各国的设计规范中多未系统涉及抗震的问题，其主要理由可以考虑为以下几点。

1）为了抵御洪水的泛滥，堤防多是从很早以前就开始筑造。当时既没有完整的土力学理论也没有抗震工程学的概念。所以堤防的筑造既缺乏对地基的选择也谈不上合理的地基处理。在这些原始堤防的基础上，经过历代治水工程，堤防不断的加高、加宽最终发展成为目前的结构物。除去近几十年彻底改修的堤段以外，从本质上讲，堤防与土坝等其他结构物不同，它的很多部分是未经过严格设计而筑造的一种结构物。所以没有考虑抗震的设计是一种历史的遗留。

2）堤防是为了防止洪水泛滥而筑造的结构物，往往将几十年、上百年发生一次的洪水作为设计外力来考虑。这样从概率上讲地震和洪水同时发生的概率非常小。事实上在有关地震灾害的历史中尚无地震和洪水同时发生的记载。另一方面，堤防大多是以土为材料而构筑的，一般认为即使遭受地震的破坏也无须花费大量的费用而且可以在短期内修复。也就是说，即使由于地震而使堤防遭受了破坏，但一般都可在洪水、潮水来袭之前得到修复，因此可以不对洪水和地震重叠进行设计。

3）堤防的总长度非常之长，全部进行改修使其满足抗震设计的要求是一项非常巨大的工程。其庞大的工程费用从客观上尚存在经济承受能力的问题。

（2）根据堤防工程设计规范，本书针对堤防抗震设计提出以下几点处置方式。

1）应该考虑抗震设计的堤防。对于土堤结构以外的堤防，像钢筋混凝土结构的防洪墙式堤防，钢筋混凝土轻型结构防洪墙式堤防等以钢筋混凝土为主体修建的特殊结构的堤防，应该参考钢筋混凝土挡土墙等相关的规范，使用震度法等方法进行抗震设计。这是由于这种特殊结构堤防一旦受到地震的破坏，进行修复时需要大量的费用和时间。加之，这种特殊结构堤防的破坏方式不同于土堤结构的堤防，除发生沉降以外还会发生倾倒，发生继发灾害的可能性远远大于土堤。

2）对一些重要堤防考虑抗震设防。像荆江大堤、北江大堤、黄河下游大堤，在稳定性计算中作为非常情况已经考虑了平均水位下遭遇地震时的稳定性问题。这些重要堤防由于其特殊性，进行适当的抗震设防是必要的。抗震验算除抗滑稳定性计算以外，还要重点在可能发生液化的地段对继发灾害发生的可能性进行研究。

3）根据继发灾害发生的可能性判断对土堤是否进行抗震设计。对于土堤结构的堤防应以继发灾害发生的可能性进行判断，也就是说根据万一堤防遭受震害，其残余高度能否防止可能出现的水位而不至于使洪水泛滥。这时需要根据汛期水位的持续时间和地震后堤防可能发生的沉降量进行判断。在堤防工程设计规范中，已提到用多年平均水位来考虑地震作用，但这是对于堤防稳定性所使用的外力。根据堤防破坏实例，堤防的地震灾害多发于地基的液化，因此要立足于堤防发生震陷后可能遇到的水位来进行考虑。建议在考虑继发灾害时，要根据每一条江河的洪水包络线，可以考虑用持续3个月的水位高度来判断。因为我国河流众多，一些山区河流的汛期持续时间很短，而像长江等河流汛期持续较长，使用多年平均水位很难反映出堤防遭受地震破坏时可能遇到的水位高度。汛期短的河流洪水与地震遭遇的概率低，汛期长的河流洪水与地震遭遇的概率相对较高，因此用洪水包络线来考虑是比较合理的。

第 8 章

堤防工程除险加固措施

8.1 概述

8.1.1 应急处置

堤防工程出现险情时，为了保障人民群众的生命财产安全和保护水利工程的完整性，需对堤防进行应急处置。应急处置包括紧急加固和修复，主要措施有以下几种：

（1）疏浚措施：在堤防险情发生后，往往会导致水体淤积和淤泥等物质的堆积，导致水流受阻、流速变慢等问题，进一步危及堤防的稳定性。因此，应急处置的第一步是进行疏浚措施，及时清除淤积物，保持水体通畅。

（2）加固措施：为了增强堤防的抗洪能力，在堤防出现险情时，需要及时采取加固措施。这些措施包括但不限于：土方加固、安装防渗帷幕、设置加固杆等。这些措施能够有效增强堤防的稳定性和抗洪能力。

（3）排水措施：堤防出现险情时，会导致堤防内外的积水增加，加剧了渗流压力。及时排除堤防内外的积水，是应急处置的重要措施。排水措施可以通过增加排水孔、设置泵站等方式实现，以确保堤防内外水位的平衡。

（4）抢险措施：当堤防发生险情时，需要及时组织抢险队伍，对堤防危险点进行监测和处理，防止堤防发生进一步的险情。抢险队伍应该具备应急处置的基本技能和装备，能够快速响应、及时处理堤防出现的险情，确保人民群众的生命财产安全。

8.1.2 汛后处置

汛后处置是在洪水退去后对堤防进行检查和修复工作的过程，是保障堤防安全稳定的重要环节，需要对堤防进行全面检查和加固，维护设施完好，加强监测预警，确保人民群众的生命财产安全。其主要措施如下：

（1）检查和清理：洪水退去后，需要对堤防进行全面检查，发现险情和损坏后要及时清理。对于堤防上出现的泥沙、垃圾等杂物，需要进行清理工作，排查安全隐患，确保堤防的安全稳定。

（2）加固措施：检查完成后，发现的安全隐患需要进行加固措施，包括对损坏的堤防进行修复和加固。根据损坏情况，采取合适的加固方法，如加固土方、设置加固杆等，以保证堤防的安全稳定。

（3）维护措施：堤防上的防洪设施和排水设施需要进行维护和检修，确保设施的完好。对于防洪闸门、泵站等设施，需要进行清洗、维护和检修，保证设施的正常运行。

（4）监测措施：在汛后，需要加强对堤防的监测和预警工作，防止再次发生险情。对于出现过险情的堤防，需要加强巡查频次，及时发现并处理隐患，采取有效措施防止再次发生险情。

8.2　堤身加固技术

8.2.1　加铺盖法

加铺盖法是指在堤防原有基础上，在堤防坡面上铺设一层加固材料，以提高堤防的抗冲击能力。

8.2.1.1　处理措施

加铺盖法的处理措施有以下几个步骤：

（1）清理和平整堤面，保证加固材料的贴合性和夯实效果。

（2）选用合适的加固材料，如水泥砂浆、钢筋混凝土、沥青等，根据堤防的具体情况和需要加固的位置进行选择。

（3）将加固材料铺设在堤防上，根据需要进行夯实或压实。为了确保加固材料的贴合性，可以在材料表面铺设一层细砂或碎石，再进行夯实。

（4）完成加固后，进行养护。根据加固材料的不同，养护时间也会有所不同。一般情况下，需要进行数天到数周的养护，以保证加固材料的完全硬化和固结。

8.2.1.2　处理效果

加铺盖法能够有效提高堤防的抗冲击能力，减少因洪水冲击导致的破坏和安全隐患。同时，加铺盖法也能够提高堤防的承载能力和稳定性，延长堤防的使用寿命。

8.2.2　帷幕灌浆法

帷幕灌浆法是一种利用混凝土灌浆材料填充土壤中的孔隙和裂缝，形成固结体，提高土壤密实度和强度的方法，如图 8.2-1 所示。通过在堤体内部挖掘竖向的灌浆帷幕孔洞，再将灌浆材料注入孔洞中，使得材料填满孔隙和裂缝，达到加固堤体目的。

8.2.2.1　处理措施

帷幕灌浆法的处理措施有以下几个步骤：

（1）根据需要确定帷幕孔的位置和深度，并进行挖掘。

（2）将灌浆材料注入帷幕孔中，采用高压注浆或低压注浆等方式进行注入。注入过程中需要注意控制注浆压力和速度，确保灌浆材料能够充分填充帷幕孔。

（3）注浆完成后，等待灌浆材料充分固结，一

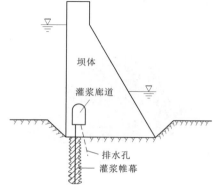

图 8.2-1　帷幕灌浆法

般需要几天到几周的时间。

8.2.2.2 处理效果

帷幕灌浆法可以提高土壤的密实度和强度，有效地增加堤体的稳定性和抗洪能力。由于其适用性较为广泛，因此在堤防工程中得到广泛应用。

8.2.3 排渗井法

排渗井法是一种通过在堤身内部挖掘并设置一定数量的井筒，利用井筒与周围土体之间的孔隙来排除地下水或内水的方法，如图8.2-2所示。通常用于防汛应急期快速降低堤身内部水位，缓解堤身渗透压力，达到加固防护堤身的目的。

8.2.3.1 处理措施

排渗井法的处理措施有以下几个步骤：

（1）确定井筒位置和数量：在进行排渗井法前，需要对堤身进行详细的勘察，确定井筒的位置和数量，以便于排除堤身内的水分。

（2）挖掘井筒：在堤身内挖掘一定数量的井筒，并在井筒底部开挖集水槽，以方便收集水分。井筒通常采用钻孔、挖掘或冲洗等方式施工。

（3）安装井筒材料：根据具体情况选用合适的井筒材料，如混凝土、聚乙烯管等，并在井筒周围灌浆加固。

（4）布置集水系统：将井筒底部的集水槽通过管道与集水系统相连，以方便排除堤身内的水分。

8.2.3.2 处理效果

排渗井法通常用于防汛应急期，可以有效地排除堤身内的水分，减小堤身内部的水压，从而减轻堤身的渗透压力，提高堤身的稳定性。同时，排渗井法还可以防止地下水位上升，保证防护堤的安全性。

8.2.4 加重盖法

加重盖法是通过在堤顶覆盖一层厚重物料来增加堤顶的重量，提高堤顶的稳定性的方法，如图8.2-3所示。通常采用砖石、混凝土块、铁块、沙袋等重型材料作为加重盖材料。

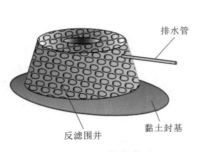

图 8.2-2 排渗井法

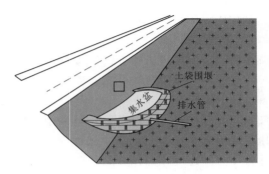

图 8.2-3 加重盖法

8.2.4.1 处理措施

加重盖法的处理措施有以下几个步骤：

（1）确定加重盖材料和数量：根据堤顶宽度、高度以及加重盖的设计要求，选用适当的加重盖材料，确定加重盖的数量。

（2）铺设加重盖材料：将选定的加重盖材料按照设计要求铺设在堤顶上，并将加重盖材料之间填充垫层材料，以提高加重盖材料的密实度。

（3）加固加重盖材料：对铺设的加重盖材料进行加固，防止加重盖材料在使用过程中发生移动或滑落。

8.2.4.2 处理效果

加重盖法可以有效地增加堤顶的重量，提高堤顶的稳定性和抗洪能力。在抗洪抢险中，可以采取快速加重盖的方法，通过快速铺设加重盖材料来增加堤顶的重量，从而加强堤顶的稳定性。但是加重盖法也存在一定的局限性，因为加重盖材料的使用会增加堤顶的荷载，可能会对堤身稳定性造成影响，需要谨慎施工。

8.2.5 土工膜法

土工膜法是一种通过在堤顶和堤坡表面覆盖土工膜来增强堤体的防渗性能和稳定性的方法，如图 8.2-4 所示，通常用于汛后加固处置。土工膜通常由高密度聚乙烯或聚丙烯等合成材料制成，具有优异的防水和防渗性能。

8.2.5.1 处理措施

土工膜法的处理措施有以下几个步骤：

（1）准备工作：清理堤顶和堤坡表面的杂物和污物，使其干燥平整。

（2）铺设土工膜：将土工膜按照设计要求铺设在堤顶和堤坡表面，注意将土工膜铺设平整并尽可能避免出现损坏和接缝处的泄漏。

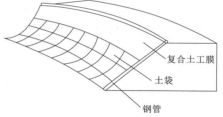

图 8.2-4 土工膜法

（3）夹实土工膜：将土工膜夹在两层土壤中，对土工膜和土壤夹实处理，以确保土工膜与土壤紧密结合。

8.2.5.2 处理效果

土工膜法可以有效地增强堤体的防渗性能和稳定性，降低堤身的渗透系数和渗透压力。同时，土工膜的使用可以减少土方运输和占用土地面积，具有环保和节约成本的优势。但是，在使用土工膜时需要注意土工膜的质量和铺设质量，以及防止土工膜损坏和接缝处泄漏等问题。

8.2.6 减压沟法

减压沟法是一种通过在堤坡下挖掘并铺设排水管或管网的方法，将堤体内部的渗流引导到沟外并排出，从而减小渗流对堤体稳定性的影响，减压沟的位置一般位于堤底以下，但在特定情况下也可以设置于堤坡中部。这种方法通常用于防汛应急处置。

8.2.6.1　处理措施

减压沟法的处理措施有以下几个步骤：

（1）确定减压沟的位置和布置形式：根据堤体的地质条件、水文特征和设计要求，确定减压沟的位置、长度、深度和跨越堤坡的方式等。

（2）挖掘减压沟：在堤坡下挖掘一定深度和宽度的减压沟，并根据需要铺设砾石、过滤材料和排水管等。

（3）维护和管理：定期清理减压沟内的淤泥和杂物，维护排水管道的畅通。

8.2.6.2　处理效果

减压沟法可以有效降低堤体内部渗流压力和渗透系数，降低对堤体的稳定性影响。减压沟的设置可以提高堤体排水能力，加快水流通过堤体的速度，缩短停留时间，减少堤体的渗流量和渗透压力。同时，减压沟法可以避免不必要的堤体加固工程，减少土地占用、土方运输和施工成本。但是，使用时需考虑减压沟的长度和深度，以及砾石和过滤材料的选择和铺设质量等问题。

8.2.7　垂直防渗墙法

垂直防渗墙法是一种常用的堤身处置技术，通过在堤体内部设置垂直的隔水屏障，阻止地下水的渗透和流动，从而提高堤体的稳定性和抗洪能力。垂直防渗墙通常采用人工或机械挖孔方式，然后在孔内灌注或铺设防渗材料，如混凝土、聚乙烯、玻璃钢等。

8.2.7.1　处理措施

垂直防渗墙法的处理措施有以下几个步骤：

（1）设计防渗墙的深度和长度：根据地下水位和土壤条件选择合适的防渗材料和施工方法。

（2）进行人工或机械挖孔：挖孔深度通常要求超过堤体底部 2m 以上，挖孔直径通常为 300～500mm，孔距一般不超过 3m。

（3）在孔内灌注或铺设防渗材料，如混凝土、聚乙烯、玻璃钢等。灌注时要注意材料的质量和密实性，铺设时要保证材料的厚度和密实度。

（4）加强防渗墙与堤体之间的黏结，通常采用机械钻孔或涂抹胶凝材料等方法加强。

8.2.7.2　处理效果

垂直防渗墙法可以有效防止地下水渗透和流动，降低渗流压力和渗透系数，提高堤体的稳定性和抗洪能力。同时，还具有较好的经济效益和环境效益，可以避免不必要的堤体加固工程，减少土地占用、土方运输和施工成本。但是，在使用时需注意材料和施工质量，避免因材料或施工不良而影响防渗效果。

8.3　堤基处置技术

8.3.1　劈裂灌浆法

劈裂灌浆法是一种利用钻孔向土体中注入水泥浆或聚氨酯泡沫等材料，使土体裂缝部位填充固化，提高土体的密实度和强度的方法，如图 8.3-1 所示。该方法适用于砂土、砾石、黏土等各种类型的土体，并且施工过程中对环境影响小。

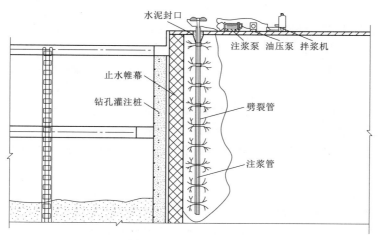

图 8.3-1　劈裂灌浆法

8.3.1.1　处理措施

劈裂灌浆法的处理措施有以下几个步骤：

（1）确定施工部位：根据堤体的实际情况，确定需要加固的部位，并评估灌浆材料的类型和用量。

（2）开裂缝：在需要加固的部位进行开裂缝，一般采用机械或爆破等方法进行开裂，开裂缝的宽度和深度根据堤体的实际情况进行确定。

（3）清洗裂缝：清洗裂缝内的杂物和泥沙，并将灌浆材料注入裂缝。

（4）注入灌浆材料：根据堤体的实际情况，选择合适的灌浆材料，将其注入裂缝内，直至灌浆材料充满整个裂缝。

（5）验收工程质量：对加固部位进行验收，确认灌浆材料注入充分且无渗漏，同时进行必要的监测和评估。

8.3.1.2　处理效果

劈裂灌浆法可以有效地加固堤体，提高其抗渗性、抗剪强度和稳定性。通过灌浆材料的注入，可以填充裂缝和孔隙，形成坚实的结构体，增强堤体的整体性和连通性。同时，该方法可以降低堤体内部的渗透系数，减小渗流压力，提高堤体的排水能力和稳定性，从而增加堤体的抗洪能力。

8.3.2　砂砾料贴坡排水法

砂砾料贴坡排水法是一种针对土质较松散的坝体进行处置的方法，如图 8.3-2 所示。该方法是在坝体表面贴上一层砂砾料，形成一个斜坡，并在砂砾层下方设置水平排水管道，以排除坝体内部的积水和降低地下水位。该方法适用于中、低坝体

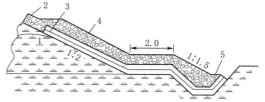

图 8.3-2　砂砾料贴坡排水法
1—浸润线；2—护坡；3—反滤层；
4—排水体；5—排水沟

的滑坡、塌方等灾害治理，以及工程中的边坡稳定处理。

8.3.2.1 处理措施

砂砾料贴坡排水法的处理措施有以下几个步骤：

（1）清理整理：对坝体进行清理整理，去除松散物、疏松土层和已发生滑坡的土体。

（2）贴砂砾料：在坝体表面贴上一层砂砾料，形成一个斜坡，砂砾层的厚度根据实际情况确定。

（3）设置排水管道：在砂砾层下方设置水平排水管道，管道的深度和间距根据实际情况确定，管道的排水能力应能满足治理区域的降水量。

（4）加固边坡：在砂砾层的上部设置钢筋网，并喷涂混凝土或涂覆聚合物材料进行加固。

8.3.2.2 处理效果

砂砾料贴坡排水法能有效降低土体的含水量和孔隙水压力，减轻土体重量，提高边坡稳定性。排水管道的设置可以排除坝体内部的积水和降低地下水位，有效降低水压力对边坡的影响，从而预防和治理滑坡、塌方等灾害。

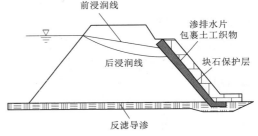

图 8.3-3　土工织物贴坡排水法

8.3.3　土工织物贴坡排水法

土工织物贴坡排水法是一种利用土工合成材料作为筛分层防止土壤混合的排水系统，如图 8.3-3 所示。在坡道表面安装土工织物，形成筛分层，将水分留在土层内部，而排水管将水分排出。这种方法可以避免水在土层中长时间停留，并使水分能够及时排出，保持坡体的稳定。

8.3.3.1 处理措施

土工织物贴坡排水法的处理措施有以下几个步骤：

（1）确定排水带的位置和尺寸：排水带应在坡面的底部或中部设置，并尽可能地延伸至整个坡面。排水带的尺寸应根据坡面的大小和降雨量确定。

（2）挖掘排水沟槽：根据排水带的尺寸和位置，在坡面上挖掘排水沟槽，槽底应保持平整，并确保排水沟槽的排水通畅。

（3）铺设土工织物材料：将土工织物材料按照排水带的尺寸和形状进行切割，并铺设在排水沟槽中。土工织物的铺设应注意保持平整，避免出现皱褶和断层。

（4）固定土工织物材料：将土工织物材料固定在排水沟槽，采用搭扣或者垫块等方式固定。固定应保证土工织物材料不会出现松动和滑移现象。

（5）填充过滤材料：在土工织物材料的表面覆盖一层过滤材料，如砾石等，以防止土壤进入排水带中，从而保证排水带的排水通畅。

8.3.3.2 处理效果

土工织物贴坡排水法可以有效减少坡体内部水分，防止土层混合，维持坡体稳定性。可以缩短水在土层中的滞留时间，加快排出速度，降低水分在土壤中积聚的风险，从而减少坡体滑坡等灾害发生。此外，还可提高坡体的抗冲击能力和承载能力，降低坡体加固成本和对环境的影响。

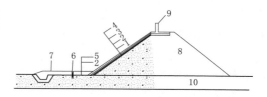

图 8.3-4　复合土工膜法
1—整平层；2—复合土工膜；3—垫层；
4—块石护坡或预制混凝土板护坡；
5—砂卵石填压和保护层；6—逆止阀；
7—埋压槽；8—砂卵石坝体；
9—防浪墙；10—砂卵石地基

8.3.4　复合土工膜防渗法

复合土工膜防渗法是将土工膜与其他材料结合使用，通过隔离和防渗作用来达到防止土体内部水分渗透的效果，如图 8.3-4 所示。通常，土工膜由聚乙烯（PE）、聚氯乙烯（PVC）等材料制成，具有良好的防水和抗渗能力。

8.3.4.1　处理措施

复合土工膜防渗法的处理措施有以下几个步骤：

（1）确定施工范围和防渗层厚度：对需要防渗的区域进行勘察和评估，确定防渗层的厚度和施工范围。

（2）准备施工材料和设备：准备土工膜、过滤材料、护面材料、连接材料等施工材料，以及挖掘机、平地机等设备。

（3）基础处理和土工膜铺设：铺设防渗层之前进行基础处理，包括清理基础表面和做好基础填筑，然后将土工膜铺设在基础表面上，确保铺设平整、缝隙紧密。

（4）过滤层铺设和护面处理：铺设土工膜之前，需铺设过滤层材料，并将护面材料覆盖在过滤层材料之上，以保护过滤层和土工膜。

（5）接头处理和检测：土工膜和过滤层的铺设过程中，需要进行接头处理，保证接头的质量和密封性。施工完成后进行检测，确保防渗效果符合设计要求。

8.3.4.2　处理效果

复合土工膜防渗法可以有效防止土壤水分渗漏，提高坝体稳定性和安全性，同时可以降低水土流失，提高保水和抗冲击性能。该方法具有较好的耐老化性和耐腐蚀性，适应不同的地质条件，具有较好的适用性和稳定性。

8.3.5　垂直铺塑法

垂直铺塑法是在堤坝表面竖向铺设一层防渗材料，通常使用塑料薄膜或防渗布等材料，如图 8.3-5 所示流程。这种方法可以有效地防止水从堤坝的表面渗透到内部，从而起到防渗的效果。

8.3.5.1　处理措施

垂直铺塑法的处理措施有以下几个步骤：

（1）预处理：清理和修整堤坝表面，使其平整、光滑，确保铺设材料贴合紧密。

（2）铺设防渗材料：将塑料薄膜或防渗布等防渗材料按照规定的间距和覆盖面积竖向铺设在堤坝表面，并进行紧密的焊接或黏接处理，以保证材料之间的接缝处不会渗漏。

（3）固定和保护：采取适当的固定措施，如加固棒、沉砾块等，使铺设的防渗材料稳定牢固。同时，还要采取措施保护防渗材料不被破坏，如铺设保护层、加装保护条等。

8.3.5.2 处理效果

垂直铺塑法可以有效地防止水从堤坝表面渗透到内部，提高堤坝的防渗能力。同时，与其他防渗方法相比，垂直铺塑法具有施工简单、工期短、成本低等优点，对于一些较小的水利工程防渗处理非常适用。

8.3.6 黏土斜墙法

黏土斜墙法是一种利用黏土的低渗透性来达到防渗的方法，通常适用于地表土层较厚的坝坡，如图 8.3-6 所示。该方法通过在堤坝内侧设置斜坡，并在斜坡上种植适宜的草木，利用黏土吸水膨胀和草木吸收土壤水分的特性，防止水的渗漏。

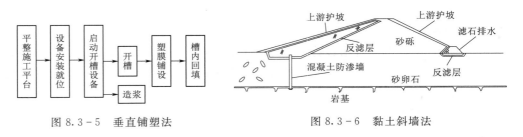

图 8.3-5 垂直铺塑法　　　　图 8.3-6 黏土斜墙法

8.3.6.1 处理措施

黏土斜墙法的处理措施有以下几个步骤：

（1）确定斜墙的位置和尺寸：根据堤坝的特点和所处环境，确定黏土斜墙的位置和尺寸，包括斜墙的长度、高度和斜率等参数。

（2）开挖沟槽：在堤坝下游一侧挖掘沟槽，使其与原有的堤坝连接起来，形成一个整体结构。沟槽的深度和宽度应该符合设计要求。

（3）砌筑斜墙：在沟槽中砌筑斜墙，并将其与堤体连接起来，形成一个稳定的整体结构。斜墙的材料通常是黏土或者黏土加砂等混合材料，其厚度和斜率应该符合设计要求。

（4）排水处理：为了防止斜墙内部的水压对斜墙产生不利影响，需要在斜墙的底部设置排水系统，将斜墙内部的水排出。

8.3.6.2 处理效果

黏土斜墙法能够较好地控制堤坝内部渗漏问题，防止渗漏水破坏堤坝的稳定性，同时对生态环境有一定的改善作用。该方法具有施工简单、经济实用等优点，但斜坡上的植被需长期维护，同时对土壤要求较高，对一些地质条件较为复杂的坝坡不适用。

第 9 章

堤防工程险情应急处置案例

9.1 1996 年洞庭湖黄茅洲船闸抢险

9.1.1 基本情况

黄茅洲船闸位于湖南省益阳市大通大圈南部，赤磊洪道北岸的黄茅洲镇，是连接垸内外水运交通的枢纽工程。该工程于 1956 年 5 月竣工，地基为坚硬的黄色砂质黏土。闸室净长 50.0m，闸身结构全部为钢筋混凝土，闸室为 U 形槽，宽 8m，底板高 25.5m，用防渗混凝土板墙与大堤连接，顶高程 36.50m；闸门位置宽 6.4m，闸门采用 10.20m 高人字门，顶高程分别为：上闸首 36.50m，下闸首 35.30m，最高通航水位 34.50m。而大通湖地处洞庭湖腹部，大通湖大垸辖沅江市和南县的 28 个乡镇，六大国有农场，总耕地面积 110.2 万亩，总人口 25.26 万人。如船闸处理险情一旦失败，整个大通湖将一片汪洋，65.26 万人将无家可归，110.2 万亩耕地将颗粒无收，其经济损失预计达 31.2 亿元以上，大通湖将面临毁灭性的灾害。

1996 年 8 月，黄茅洲船闸洪水位达 36.94m，超船闸设计防洪标准 1.59m，超上闸首顶高程 0.44m，超闸门顶高 0.64m，超 1954 年设计水位 1.59m。船闸上闸首防洪墙出现 3 条纵向裂缝，缝宽 2～2.5mm，3 条纵向裂缝之间仅相距 0.53m，且一直向基础方向延伸，情况十分危险。

上闸首固定人字门的上枢预埋件全部断裂，上枢镍铬钢轴及轴套磨损严重，轴套的内铜套因磨损挤压而破裂，且部分被挤出轴套，上枢支座固定螺杆松动，闸门倾斜严重，限位失灵，渗透严重。闸门险情危在旦夕。

9.1.2 出险原因

黄茅洲船闸险情主要由于水位偏高，超过设计防洪标准，以及工程设备老化等因素造成。

(1) 水位偏高。1996 年 7 月 8 日开始，洞庭湖资、沅、遭三大流域相继出现了大到暴雨，再加之柘溪、五强溪、凤滩水库泄洪总量达 60 多亿 m³，同时长江干流流量始终维持在 40000m³/s 造成洞庭湖出流不畅，上下顶托，使湖区 13d 处在危险水位以上。

(2) 防洪标准偏低。黄茅洲船闸设计最高防洪水位 35.35m，上闸首顶高程 36.50m，人字门顶高程 36.30m，而黄茅洲地区堤段堤面高程为 38.00m，防洪建筑物顶高程为

37.50m，显然船闸1956年的防洪标准已远远不适应防洪保安的要求。

（3）工程及其设施老化。船闸自1956年3月竣工通航至今已有40余年的历史，该工程集防洪保安、灌溉排涝、航运交通于一体，为大通湖垸工农业生产的发展做出了巨大贡献。但随着岁月的流逝，工程日趋老化，设备十分落后。1969年虽将启闭方式由手摇改为电动，但设备主件老化严重，几乎所有的预埋件都不同程度地出现锈蚀或断裂。有些部位隐患无法消除，工程处险改造滞后。

因防洪工程改造资金滞后，未能实施船闸工程改造，是船闸出险的另一潜在因素。

9.1.3 抢险措施

面对船闸出现的重大险情，各级领导、防汛指挥部门及工程技术人员通过严格论证，决定采取"一加""二堵""三顶""四填"的紧急抢险方案。

（1）"一加"，即洪水位在36.30～36.50m的范围内，用10mm钢板将上游人字门焊高20cm，使闸门高程由36.30m上升为36.50m有效地保证船闸实现梯级堵水战略，分散上下游闸门的水压力，减轻上游人字门负载，确保一道防线的安全。当洪水位上升到36.50m以上时，闸门不再焊高，使洪水自由漫溢，同时调节下闸首门廊道泄水孔，使闸室内外保持相对稳定的水头差，以便实现上下游人字门梯级堵水。这在一定程度上可最大限度地减轻闸门的水压力。

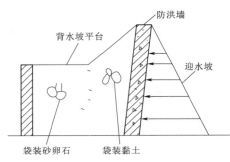

图9.1-1 背水平台示意图

（2）"二堵"，即用化纤编织袋装黏土，湿润压扁后按防洪墙承受水压力分布情况，以防洪墙为对称平面，按一定规律堆放在防洪墙的背水面。考虑到场地有限，背水面再筑如图9.1-1所示的平台。

对产生了裂缝的防洪墙，堆垒袋装黏土时，应预留一个30cm×30cm的观察孔，以便及时掌握裂缝的发展情况，便于采取更有力的抢险措施。同时，当水位超过36.50m时，用袋装黏土加高防洪墙，迎水面布置雨布，以防洪水渗透。

（3）"三顶"，即用圆木做成桁架支撑闸首空箱面板，以便板面叠垒袋装黏土。

（4）"四填"，即在防洪水位达36.00m以上时，用化纤编织袋装2～4cm的卵石抛填闸室到34.20m高程，表面再覆盖防雨布。同时对位于上闸首空箱部位的防洪墙采用空箱内弃填砂卵石的办法，以防不测。

由于各级领导的精心组织和当地群众的奋力抢险，经过三天三夜，船闸终于保住了，抢险获得了成功。这次抢险共投入人力4000人次，化纤编织袋10万条，砂卵石5000t，车辆3000台次，船舶38艘，黏土500m³。

9.1.4 经验教训

（1）准备充分。这次抢险成功关键是领导层牢固树立了"防大汛、抗大灾"的思想，对处险工程的特点了解透彻。同时防汛器材准备充足全面。

（2）抢险方案正确。及时发现险情，用科学的、实事求是的态度，在工程原有设计资料和现实情况的基础上反复推算，并结合以往抢险经验，寻找多种可行性抢险方案，并从中筛选了"一加""二堵""三顶""四填"的抢险预案。这项工作的好坏是直接关系抢险成败的关键。

（3）措施有力。为了实施抢险预案，除防汛器材准备充足外在抢险人力和抢险道路的分布、机动车船的安排等方面均应做出合理充分的准备。为了减轻闸门水压力，不能任意焊高闸门高程而应让洪水自由漫溢，同时调度下游吸水孔，以达到梯级堵水的目的。在险情进一步发展，工程危在旦夕之际，采用抛填闸室的办法以防不测是一个比较保险稳妥的方案。

9.2   1998 年长江干流九江大堤堵口抢险

9.2.1   基本情况

江西省九江市城区长江大堤西自赛湖闸，东至乌石矶，全长 17.46km，其中钢筋混凝土防洪墙和土石混合堤 11.27km，土石堤 3.5km，岸线 2.69km，通江涵闸 19 座，与 10.4m 内湖堤防共同组成九江市城区完整的防洪体系。

九江市城区长江大堤 1998 年溃口段位于 4~5 号闸间，该段堤始建于 1968 年，经多次加高加固而成，为土石混合堤。在土堤的迎水面建有浆砌块石防浪墙。由于汛期渗漏严重，1995 年在浆砌块石防浪墙前加做了一层厚 20cm 的钢筋混凝土防渗墙、防渗斜板和防渗趾墙。建成后，堤顶高程达到 25.25m 设计要求，防渗效果也较明显，仅在第 4~5 号闸附近有少数渗漏。

1996 年，九江市某单位在 4~5 号闸间堤段临水堤外滩地违章建油库平台一座。油库平台由三面浆砌石墙连接长江大堤组成，围滩面积约 6000m²，顺水流长 100m，垂直水流长约 60m。

1998 年 8 月 7 日，长江九江站水位 22.82m。12 时 45 分，长江大堤九江城区段第 4~5 号闸间堤脚挡土墙下有一股浑水涌出，约 10~15cm 高。14 时左右，大堤堤顶塌陷，出现直径 2~3m 的坑，可看到江水往内涌流。不久土堤被冲开 5~6m 的通道，防渗墙与浆砌石墙悬空，水从防渗墙与浆砌石墙下往内翻流。

14 时 45 分左右，防渗墙与浆砌石墙一起倒塌，整个大堤被冲开 30m 左右宽的缺口，最终宽达 62m，最大进水流量超过 400m/s，最大水头差达 3.4m。

9.2.2   出险原因

（1）水位高，历时长。1998 年汛期，九江站最高水位 23.03m，超警戒水位时间长达 94d，其中超历史记录最高水位时间长达 40d。在长时间的渗流作用下，土体的抗渗强度减小，从而加速渗流变形破坏。

（2）违章建设油库平台，破坏了大堤的防渗层。由于建设油库平台的挡土墙，使堤基的粉质壤土层失去了保护，江水直接进入该层，从而使渗径缩短，渗流量加大。这是诱发大堤出险的重要原因。

（3）堤基薄弱环节未经处理。堤基存在粉质壤土，此土含粉细砂多，黏粒少，形成堤基内的软弱夹层，抗渗透变形能力差，建堤时又未经处理。这是造成大堤出险的内在因素。

（4）发现险情不及时，防汛物料准备不足，抢险方法不当。由于发现险情不及时，贻误了抢险时间。同时，决口处防汛物料准备不足，决口后江中备料船一度通信受阻，未能及时到位。加上抢险方法不当及油库平台上游墙的存在，给抢险带来困难。

9.2.3　抢险措施

险情发生后，现场抢险人员开始用砂包往涌水上压，但未压住，管涌由 1 处发展到 3 处，冒水高度达 20cm。接着用棉絮和砂包往管涌上压，甚至把一块大石头往管涌上压，也没有效果，管涌反而越来越大。这时 30 多名抢险队员跳入江中寻找漏水涌洞，发现油库平台上游挡土墙与防洪墙交接处有吸力点，就摊开棉絮拉住四角，上面放砂石袋压下去堵，管涌出水变小。但很快背水堤脚挡土墙上端堤身塌陷，出现直径约 60cm 大小的洞，往外冒水。接着在离岸 1.5～2m 处突然出现直径 3m 的漩涡，往漩涡内抛砂石料马上就被卷走了。

13 时 39 分，九江市防汛指挥部决定调船只堵口。14 时左右，10 艘已装有块石、黄土的预备船相继开出。不久，抢险人员将一辆 132 跃进双排座汽车推到决口内，但很快被水冲走。15 时左右，开出的预备船陆续到达 4～5 号闸段江面，但由于这些船没有防汛人员押船和指挥，由船老大自己开过来，看到决口处水流很急，不敢把船开近决口，便在江中心打转转，无法有效组织这些预备船抢险。15 时 30 分左右，抢险人员将一条铁驳船和一条水泥船绑扎在一起，顺水流进行堵口，因无人驾驶，无法定位，当漂进决口附近时，绑扎的钢绳被拉断，两船被水流冲走，第一次试图用船堵口失败。

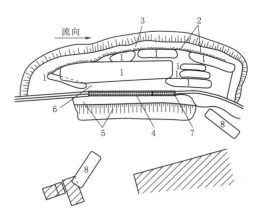

图 9.2-1　堵口工程平面布置图
（单位：m，均为实测值）
1—沉船；2—拦石钢管栅；3—截流戗堤；
4—堵口组合堤；5—石袋后戗台；6—水
下抛土铺盖；7—残堤保护段；8—冲进
溃口船舶

17 时左右，九江市领导和在场的部队领导一起，当机立断，指挥一艘长 75m、载重 1600t 的煤船在两艘拖船的配合下，将煤船成功地定位在决口当中，有效地阻止了洪水的大量涌入，为后来成功堵口起了十分重要的作用。随后，增援部队和国家防总、水利部专家组、省公安厅、省水利厅的同志陆续赶到，专家组制定了初步抢险方案，采取继续向决口处沉船，抛石块、粮食，设置拦石钢管栅等办法控制决口，同时在下游抢筑围堰。经过 2 天 2 夜的奋战，围堰在 8 月 9 日合龙，进水量得到控制。堵口工程平面布置见图 9.2-1，堵口工程结构见图 9.2-2。

8 月 9 日，一部分兵力继续加固围堰，一部分兵力抢筑钢木土石组合坝。到 10 日下午组合坝的钢架连通，开始堆砌碎石袋。但是，

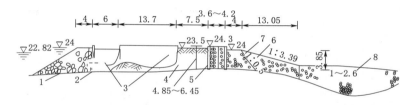

图 9.2-2 堵口工程结构图（单位：m，均为实测值）
1—截流戗堤（实测长 186m）；2—拦石钢管栅；3—沉船；4—水下抛土铺盖；
5—钢木构架组合堤（实测全长 43m，包括堤头保护 58m）；6—石袋后戗台；
7—临时断面线；8—冲刷坑及填塘固基

此时的围堰还很单薄，进水流量虽然得到控制，但涌进的水流仍然有 $50\sim60\,\mathrm{m^3/s}$。加上几天来洪水淘刷，堤脚处已深达近 10m，部分已抢筑的组合坝出现下沉和倾斜。因此，抢险形势依然十分严峻，如果稍有不慎，可能出现大的反复。针对这种情况 11 日上午抢险指挥部召开紧急会商会，提出必须坚持"尊重科学确保安全、质量第一、万无一失"的原则，既要再接再厉，继续发扬顽强拼搏的精神，巩固战果，又要科学抢险，防止急躁情绪，并紧急制定了下一步的抢险方案。在抢险力量部署上做了适当调整，集中用兵，重点用兵，成建制用兵。主要力量分两线配备，第一道防线挡水围堰立即加高加固，第二道防线组合坝及内侧后墙全力抢筑。同时加强各方面力量的协调，建立指挥部成员每天会商制度。由于加强了指挥协调，抢险进度明显加快。11 日晚围堰加固完成，共抛填石料 2 万 $\mathrm{m^3}$，渗水明显减少。12 日下午后戗抢筑取得突破性进展。指挥部果断做出决定，从 16 时 25 分开始合龙，18 时 30 分合龙成功。经过抢险部队 5 天 5 夜的殊死奋战，长江大堤决口终于被堵上了，堵口抢险取得决定性胜利。13 日，抢险部队又发扬连续作战、不怕疲劳的精神，开始了加高加固后戗和闭气工作。经过一昼夜的战斗，到 14 日 6 时 30 分，抢筑起一条长 150m、底宽 25m、顶宽 4m、高 8m、坡比 1：3、用石料 3.56 万 $\mathrm{m^3}$ 的堵口大堤。抛土闭气工程也于 8 月 15 日 12 时全面完成，共抛填黏土 1.5 万 $\mathrm{m^3}$，闭气效果比预期好。至此，决口抢堵工程完成。

为进一步加固大堤，确保万无一失，抢险工作紧接着转入填塘固基和抢筑第三道防线。为此，救援部队又调 7000 名官兵投入了紧张的施工。指挥部从全省紧急调集了 100 辆大卡车、11 辆装载车和推土机，日夜抢运石料、河砂。至 20 日 18 时，填塘固基工程和抢筑第三道防线工作终于完成，填塘抛石 3 万多米，建成了一条长 453m、底宽 8m、顶宽 2.5m、高 3.5m、坡比 1：0.5 的挡水堤。至此，历时 13 个昼夜的堵口抢险工作全部结束。这期间共沉船 10 艘（其中两艘被水冲走）、块石 4.51 万 $\mathrm{m^3}$、碎石 3.33 万 $\mathrm{m^3}$、黏土 1.87 万 $\mathrm{m^3}$、粮食 2700t、钢材 80t、木材 430$\mathrm{m^3}$、毛竹 3550 根、化纤袋 176.4 万条、麻袋 1.21 万条、铁丝 7.75t、马钉 0.44t、三色布 1000$\mathrm{m^3}$、机械设备 25 台、土工布 8400$\mathrm{m^3}$，投入解放军及武警官兵 2.4 万人，在堵口现场及时参加抢险的约 5000 人，包括运输、装料、上料人员，高峰时抢险人员达 1 万人。在党中央、国务院和中央军委的英明领导下，在人民解放军和武警官兵的英勇奋战下，在广大干部群众、公安干警和专家、工程技术人员的共同努力下，军民共同谱写了一曲抗洪抢险的壮丽诗篇。

1998 年汛后，有关部门对决口段进行了清理和修复。修复的堤段经受住了 1999 年洪水的考验。溃堤段地基及复堤结构见图 9.2-3 和图 9.2-4。

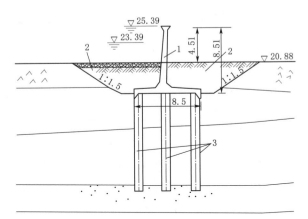

图 9.2-3 溃口段地基及复堤
结构图（单位：m）

1—防洪墙；2—回填黏土；3—格栅状深层搅拌桩

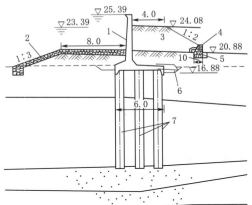

图 9.2-4 下游连接段地基及复堤
结构图（单位：m）

1—防洪墙；2—回填黏土；3—墙后回填土；
4—挡土墙；5—排水沟；6—CE131 土工网；
7—格栅状深层搅拌桩

9.2.4 经验教训

（1）要把防汛工作责任制真正落到实处。各级政府要以对党对人民高度负责的精神，加强对防汛工作的领导，切实担负起本地防汛工作的全面责任，正确估价本地防汛工程的质量和抗洪能力，坚决克服松懈麻痹思想和侥幸心理，真正做到思想到位、责任到位、工作到位、指挥到位，把防汛工作责任制落实到基层，落实到具体的人员，用严格的责任制和严明的纪律提高战斗力，掌握防汛工作的主动权。同时，要结合城市防汛的特点，建立精干高效的城市防汛工作体系，防止职责不清、互相扯皮和贻误时机的情况发生。

（2）要采取有力措施，确保重点堤防安全。要认真排查和及时消除防汛工程隐患，采取领导、专家和群众监督检查相结合的办法，经常对防汛工程特别是重点堤防的安全情况进行认真的检查。查险不力、处险不及时和防汛物资准备不足都可能导致堤防决口。要严格落实防汛巡查制度，充分做好防汛物资和人员的准备，确保重点堤防安全度汛。

（3）要强化防洪工程建设和管理。在堤防建设和堤防加固工程中，要特别重视地质勘探工作和堤身、堤基及防渗处理工作，做到科学设计、科学施工，确保防汛工程质量。严格落实堤防建设终身制，严格执行招投标制和工程监理制，确保工程质量，不要给防汛工作留下隐患。同时要强化河道和堤防的安全管理，严格执法，坚决制止妨碍防汛安全的行为。

9.3 1998 年长江干堤口子河群体管涌抢险

口子河当地又称南河口，位于湖北省监利县。1998 年 8 月，在 300m 堤段内共有管涌 14 处。

9.3.1　基本情况

1998 年 8 月 9 日，三洲联奉命在八姓洲扒口行洪。8 月 11 日口子河外江水位 34.20m，18 年未挡过水的干堤两天陡涨 5.1m，当日 12 时距背水堤脚 32m 沼泽地边缘 2.5m² 范围内出现 10 个管涌，孔径 5～2cm，及时做了 3m×5m 围井三级反滤（以后统称为 1 号管涌），设专人观察。并由 50 名突击队员，在口子河潭坑及边缘藕坑内拉网式巡查，先后在潭内发现 3 处管涌，一处距堤脚 100m，孔径 0.2m，孔口深 1m，即 5 号管涌；一处距堤脚 120m，孔径 0.2m，孔口深 2m，即 6 号管涌；一处距堤脚 300m，孔径 0.3m，孔口深 3.2m，即 7 号管涌。3 处都翻砂鼓水，均先采用大卵石填口减冲，再做水下三级反滤堆。8 月 16 日一级围堰形成，先调 4 台机械抽水反压，后改为 6 台虹吸管从外江提水反压。使一级围堰的水位由 27.50m 抬高到 29.50m，三处冒孔鼓水不带砂，起到了既控制险情，又防范新险情出现的作用，为后来处理沼泽地险情进行了外围控制。8 月 17—25 日在潭坑边缘藕池里又先后出现 8～14 号 7 处管涌，都是采用水下反滤堆处理，此后，再将一级围堰由 100 亩扩大到 300 亩，同样抬高水位反压，一次处理成功。

9.3.2　出险原因

（1）口子河一带的长江干堤，建筑在砂基上，砂层顶部高程为 27.80m，以下有 6m 厚的砂层，浅砂层的堤基加之倒口潭坑，为出险的内因。

（2）口子河内外水位差最高达 7.4m，由于高水头的渗透压力，在堤基浅弱部位，砂层发生渗透变形冲破表层形成管涌，同时由于水流作用，沿着口门淘刷，翻砂又鼓水。

9.3.3　险情处置

8 月 11 日出险后，1 号管涌围井内仍少量带砂，沼泽地的群体性管涌还是没有得到控制。

8 月 16 日，8 时 25 分，孔径 2cm 的管涌鼓水带沙，原处理的 3 级反滤堆下陷 2.3m，孔径扩大到 30cm，重做反滤堆；8 时 50 分，刚做的反滤堆，原口门处又下陷 1.5m，又重做反滤堆；17 时 20 分，又下陷 0.7m，险情在恶化，监利县尺八分指挥部迅速组织 3 位高级工程师、2 位工程师参加现场会商，将原做的反滤堆全部扒开、扒平，重做 4 级反滤堆，即 10cm 厚黄砂、3 层尼龙纱窗布、20cm 厚的黄砂、25cm 厚的小卵石，处理后，出清水；18 时 25 分，1 号管涌水量减小，在围井外沼泽地又冒出了 3 个管涌，孔径分别为 30cm、15cm、5cm，编号为 2 号、3 号、4 号，险情在发展，为防险情继续恶化，沿管涌周边沼泽地又做了长 10m、宽 5m 的二级铺盖，到 17 日凌晨 2 时，终于控制了险情再度发展。之后，当地成立了县级负责的口子河险情观测所，固定 2 名科局长、3 名技术人员，50 名突击队员，一个连的部队安营扎寨，24h 不间断观测，由工技术人员 2h 一次下水摸情况，并做好险情记录。

8 月 17 日 2 号、3 号、4 号，还是水带少量的淤泥，险情仍未得到有效的控制。为了确保大堤安全，17 号上午组织军民将所有沼泽地圈围起来，形成一个长 54m、宽 3.5m、高 1.2m，计 189m² 的 2 号围堰，组织两台抽水机，当天将水位抬高到 29.70m。

从 8 月 17—20 日，2 号、3 号、4 号管涌是稳定的，1 号管涌又恢复出水。8 月 21 日 2 号、4 号反滤堆又开始下陷，至 8 月 23 日共下陷 4 次，2 号、4 号反滤堆分别下陷 3.5m、1.6m。经省、市、县专家会商，从二级围堰内把 4 个管涌隔出来，又做了一个长 35m、宽 1.5m 的三级围堰。首先将 525m² 范围进行三级平铺，厚 50cm，再将 2 号、3 号、4 号反滤堆扒开重做五级反滤堆，即 30cm 厚精筛细砂、三层纱窗布平铺、25cm 厚的粗筛细砂、20cm 厚精筛小卵石、10cm 厚卵石。平铺和反滤堆做成后，用一台机械抽水，将三级围堰水位抬高到 30.7m，水面线高出平台 1m，与此同时，将原背水堤内坡和平台的导滤井全部做成三级导滤井。到 8 月 23 日口子河险情基本控制，趋向稳定。8 月 31 日会商后，先打 10 个土撑，再把三级围堰加高 0.5m，水位抬高至 31.00m，使内外水位差控制在 5m 左右，险情得到了控制。这次抢险先后动用解放军官兵 13000 人次、劳力 15000 人次，消耗砂石料 620t，完成土方 5500m³。

9.3.4　经验教训

（1）浅砂层群体性管涌在三级反滤处理上要因势利导。三级反滤只起抑砂作用，不能专靠砂石进行反压，作围堰抬高水位反压起了重要作用，否则会处理一处又生一处，使险情扩大。口子河群体性管涌处理过程中，守险突击队员编了一个顺口溜："三级反滤再观察，围堰抽水搞反压，根据沉陷加石砂，降伏管涌保卫家"，基本符合抢险的实际情况。

（2）口子河群体性管涌抢险的成功处理，说明了险情不可怕，而是要在"认真"二字上做文章，险情发现要及时，判断要准确，措施要得力，处理要迅速。既要控制险情的发展，又要杜绝险情的质变。

9.4　1998 年长江干堤调关以下堤段漫溢抢险

长江干堤调关段位于湖北省石首市，全长 38.82km，东起五马口，西止调弦河左岸的双豆口，相应桩号 497+680～536+500。从 1998 年 7 月 3 日，长江第一次洪峰抵达调关起，到 9 月 11 日，长江第八次洪峰安全通过调关，共 61 天，全线均超 1954 年最高水位（38.44m）。7 月 26 日调关水位 39.00m，部分堤段子堤挡水；8 月 9—20 日，调关水位持续在 39.76m 以上，全线子堤挡水；8 月 17 日 11 时，调关水位达到 40.10m，子堤加筑高 1.5～2.2m，面宽 1.5m，底宽 4～5m，挡水深 0.5～1.2m。面对洪峰首尾相连、水位一再攀升的严重局势，该市广大军民和工程技术人员奋力抢险，严密注视水情，做到水涨堤高，连续战胜 8 次洪峰的侵袭，将凶猛的洪魔牢牢地缚住在堤防御洪区域内，避免了堤防漫溢溃口可能给湘、鄂两省 100 多万人民生命财产造成的毁灭性灾害。

9.4.1　基本情况

调关以下堤段设计堤顶高程 38.60～39.50m，比 1954 年最高水位超 1m。堤面宽 5.5～6m，内外坡度 1:3，堤身垂直高度 5.6～7m。石首河段按照 50 年一遇大水的泄洪能力为 38500m³/s，而 1998 年第六次洪峰经过石首段的流量为 46900m³/s，超过泄洪承受量 8400m³/s，加之 1998 年长江由下至上普降大到暴雨，造成下顶上压，水位屡创新高，造成了以子堤作为抵御大洪水的最后屏障。调关以下堤段共 4 次抢筑加高加固子堤，广大军民在实战中摸索出了关于子堤的抢筑、加高加固、夯实减渗和防浪等一些较为切实有效的方法。

9.4.2　抢护过程

6 月 26 日，调关以下堤段根据市防汛指挥部的要求，决定在洪峰来临前抢筑子堤，动用民工 2 万人次，为时 2d，完成土方 2 万多米，抢筑一道宽 0.5m、高 0.5m、底宽 1.5m 的子堤。7 月 18 日，长江第二次洪峰安全经过调关后，上级防指又及时对第三次洪峰进行了准确的预报，预报调关水位将达到或接近 39.00m，部分堤段子堤将挡水，子堤必须相应加高到 0.8m、面宽 0.6m、底宽 2m。7 月 26 日，长江第三次洪水顺利通过调关，洪峰水位 39.00m，干堤鹅公凸段 4000m 子堤挡水。

7 月 29 日，接荆州市防指水情预报，长江第四次洪峰将于 8 月 9 日左右到达调关，预报水位将达 39.80m，子堤再次加高到 1.2m、面宽 1m、底宽 2.5m。8 月 9 日 8 时，第四次洪峰通过调关，洪峰水位 39.76m，子堤挡水深 0.2～0.6m。紧接着与第四次洪峰强度相当的第五次洪峰接踵而至。由于高水位浸泡时间长，在长江第五次洪峰到来之前，又对全线子堤进行了加固。8 月 13 日 19 时，调关水位 39.74m，水位仍在缓慢上涨，长江第五次洪峰尚未通过，长江上游第六次更大的洪峰已经形成，预报水位将达到 40.40m。调关、桃花两个乡镇紧急动员全部劳力上堤，加上解放军官兵共 3 万多人，奋战两昼夜，抢运土方近 10 万 m³，再一次将子堤加高到 1.7～2.2m、面宽 1.5～2m、底宽 2～4m。8 月 17 日 11 时，长江第六次特大洪峰抵达调关，洪峰水位 40.10m，子堤挡水深 0.5～1.2m。

9.4.3　经验教训

堤防漫溢属重大险情，是在洪水很大，水位很高，超过堤防防洪标准的情况下出现的。堤防漫溢的发生，往往伴有散浸、管涌、内脱坡等其他险情。1998 年长江干堤调关以下全线漫溢的成功抢护是建立在科学预测、科学决策、劳力和器材充足的基础上。

（1）准确预测水情，抢在出险前。汛前，当地就有防大汛、抗大洪的思想准备和物资准备，但真正面对凶猛地接踵而来的 8 次洪峰仍显得始料不及。调关以下堤段能够先后 5 次及时地抢筑、加高、加宽子堤，确保万无一失，完全有赖于上级防汛指挥部门对水情的及时、准确的预报。漫溢，特别是全线漫溢的抢护，工程量很大，等到水平堤顶再进行抢筑，恐怕就无回天之力了，这就是漫溢险情的抢护与其他险情抢护的明显不同之处，前者必须抢在出险前，而后者则是抢在发生时。抢筑子堤要有预见性。

（2）子堤抢筑加固，质量是关键。长江干堤调关以下全线子堤成功挡水 13d，部分堤段子堤挡水 37d，最深挡水 1.2m，证明子堤质量是过关的。

1）子、母堤的有效衔接。石首堤防母堤为砂石堤面，砂石没有黏性，透水性强，如子、母堤不能有效衔接，洪水超过母堤堤顶，势必造成大面积渗水，渗水浸泡堤身，就有增加出大险的可能。要使子堤成功挡水，首先要解决好子、母堤的有效衔接，我们采用的方法有两点：①清除母堤外肩草皮和砂石层，降低透水性；②适当加宽子堤，延长渗径。

2）新旧土体的有效咬合。由于子堤几次加高加固，新旧土体各为一体，不易咬合，新旧土体间存在较大缝隙，留有隐患。所以在加高加固时，一定要清除旧体表面覆盖物和其表层，用湿度相近的疏松泥土与新的土体有效咬合，缩小新旧土体间的缝隙，减少渗水。

3）子堤的防浪。调关全段子堤临水面基本上是由7～12层编织土袋垒成，编织袋有较好的防浪作用。但有些重点段，风大浪高，子堤很容易被淘空，我们主要采取了以下两种方法：①土工布或油布等覆盖；②打桩固枕（柴枕、柳枕）。

4）子堤的夯实减渗。子堤未经夯实，一经挡水，就有大量水流渗出，与子、母堤不能有效衔接后果一样，甚至还会造成子堤崩溃，酿成大灾。因此，子堤在抢修时一定要夯实，以尽量减少江水渗出。子堤是用于防漫溢的抢险工程，工程量很大，时间要求很紧迫，并且施工面相对窄小，不适合于机械碾压，只能一层层用脚踩与用木桩捣实等人工办法，要求在垒筑子堤时，将袋土层层错开叠实，不留空隙。

（3）子堤的抢筑加高加固过程中，由于情况紧急也出现了只顾眼前、挖背水堤肩筑子堤的现象，抢险的同时又在损坏堤防工程如此矛盾的行为，部分民工，甚至基层干部竟认为很自然。现在堤防工程标准低，相对矮小，堤防禁脚也远没有达到内30m、外50m的标准，有的堤段根本就没有内禁脚，实在是经不起近距离取土了。这一现象反映出了广大干部、群众对堤防工程的认识水平还不够深刻，敲响了要进一步加强堤防工程管理的警钟。

9.5 2016年西河东联圩综合性险情处理

9.5.1 基本情况

西河东联圩位于鄱阳湖北岸，起于油墩街镇牛头山经漳田渡、独山至鸦鹊湖乡板埠闸止，全长34.24km，集雨面积179.3km²，保护面积14.08万亩，保护人口10余万人，该圩堤是由原东风联圩、新樟圩和鸦鹊湖圩并联而成。2016年江西入汛以来，长江中、下游遭遇连续强降雨，防汛形势极为严峻，西河受连日来暴雨及鄱阳湖顶托作用影响，水位超警戒持续了1个月，其间最高水位超警戒水位1.94m，其圩堤某桩号在此过程中由1个泡泉引发泡泉群，进而导致堤身出现裂缝，险至发生滑坡，前后历经5次出险。

9.5.2 险情发生

2016年7月9日4时，离堤脚3m处出现直径约为15cm的泡泉，冒浑水并携带大量灰色细砂；10日23时，泡泉再次出险，携带大量灰色细砂；反滤导渗处理后周围出现小泡泉群；11日9时，堤顶靠下游侧出现一条长约10m、宽约1cm的裂缝；13日9时，堤顶裂缝向右侧沿弧线延长至25m，裂缝宽度约1cm；15日9时，堤顶裂缝宽度增加至5cm，且向左侧延长，与原裂缝形成一个较完整的滑裂面，如图9.5-1所示。

9.5.3 险情处置

2016年7月9日4时，按泡泉处置，①反滤导渗，卵石消杀水势，砂、卵石做导滤

（a）9日首次出现险情

（b）10日出险情况

（c）11日出现裂缝

（d）15日裂缝加宽

图 9.5 - 1   出险时的现场

堆；②利用现有减压堤形成围井，外河抽水，抬高水位。围井长约 400m，宽约 120m，暂时控制险情扩大，出水仍携带大量细砂。10 日 23 时，在前面处理的基础上用砂卵石袋对泡泉筑长和宽约 2m 小围井（3 级围井），内填砂卵石分级导滤。11 日 9 时出现新险情后，首先针对裂缝，在其上游侧 0.2m 处开挖截水沟，彩条布覆盖；其次是清除堤顶、堤身砂卵石，袋装运至堤脚筑 4 个土撑；③在堤脚开挖导渗沟，铺设砂卵石滤料；④围绕泡泉群筑一长 10m，宽 7m 的围井（2 级围井）；⑤加高 3 级围井，用不透水彩条布环围井内侧一圈。13 日 9 时，险情仍在变化时，在堤脚增加导渗沟，铺设砂卵石滤料，同时加高堤脚土撑。15 日 9 时结合裂缝的变化，先是适当开挖裂缝，用黏土回填；再是堤脚再次增加导渗沟，砂卵石回填；最后是堤脚增加一土撑，同时用块石在堤脚筑镇压台至堤身高 1/3～1/2，如图 9.5 - 2 所示。

9.5.4   出险原因

鄱阳湖区圩堤建在第四系冲积-湖冲积层之上，上部由透水性较弱的亚黏土和亚砂土组成，下部由透水和含水的细砂及砂砾石组成，属二元地质结构，高水位时，下部透水层含水层充分饱和，地下水位大大超过含水层顶板，为承压状态，承压水头的高度随河水位升高而增加，并随着不同地段的河床下切深度、与地下透水层水力联系程度、透水层厚

（a）9日出险后处置

（b）10日出险后处置

（c）11日出险后处置

（d）13日出险后处置

（e）15日出险后处置

（f）处置的最后效果

图9.5-2　出险后险情处置后的现场

度、颗粒成分和透水性的不同而变化。当地下水的水头压力超过上覆相对隔水层自重和抗剪强度的临界值时，地下水的顶托力便克服上覆土层的重力和抗剪强度而涌出地表，形成泡泉。

　　针对单个泡泉，一般是先用砂卵石堆填消杀水势，后铺砂、卵石分级滤料，制止涌水带砂，周围用编织袋或麻袋装土筑围井，缩小与外河水位差。针对泡泉群，采取以上方法控制后，可在泡泉群周围一定范围内筑围井防止或控制新出现泡泉。

9.5.5　经验教训

（1）围井抢筑顺序不满足目标性要求。为及时控制险情，泡泉围井先是针对性的对险情抢筑，根据周围是否会出现其他泡泉，再分别筑围井或加大围井范围。本案例的顺序不符合目的性要求，先筑大范围围井，再筑小范围围井，利用减压堤抬高水位，但减压堤包围面积大，抬水速度缓慢，在出险 42h 后蓄水深度才 0.2m，使险情未得到有效控制，再次发展。

（2）围井材料不满足技术性要求。为迅速提高围井内水位，缩小泡泉水位与外河水位差，围井采用编织袋或麻袋装土筑围井。本案例采用砂卵石袋筑围井，不能迅速提高围井内水位，不满足围井抢筑的技术性要求，使险情进一步扩大。

（3）险情处理不满足时效性要求。在发现险情后，采取有效措施完全控制后，再观察险情发展。本案例在险情未完全控制时，惜材惜力，待险情进一步发展后，才加大处理措施，使险情扩大，花费更多人力、物力。

9.6　2020 年永修县九合联圩管涌群险情处理

9.6.1　基本情况

九合联圩属江西省永修县，为 4 级堤防，保护耕地面积 5 万～10 万亩，堤防全长 42.8km，2020 年共发现 111 处险情，其中泡泉 32 处、集中渗水 55 处、散浸 8 个集中段、漏洞 9 处、裂缝 1 处、脱坡 1 处、跌窝 5 处。

9.6.2　险情描述

2020 年 7 月 27 日早上，九合联圩桩号 1+050 处，距堤脚约 80m 藕塘内，出现 2 处大管涌群，初步分析堤内排涝导致，现场情况如图 9.6-1 所示。

<table>
<tr><td>（a）险情（一）</td><td>（b）险情（二）</td></tr>
</table>

图 9.6-1　现场管涌情况

9.6.3 险情处置

经专家们商量针对两处管涌群，一处管涌群采用外围搭设袋装黏土加彩条布围井（围井高 1.2m 左右），围井内填约 30~40cm 反滤料进行处理。另一处管涌群考虑做围井工程量太大，采取管涌群周围抛投反滤料，同时围封藕塘出水口，整体抬高藕塘水位进行处理。经过一天一夜的处理，险情得到很好的控制。现场险情处理情况见图 9.6-2。

（a）塘内筑围井过程　　　　　　　　　　　　　　（b）处理后效果

图 9.6-2　管涌处理过程

9.7　2020 年鄱阳湖三角联圩堵口

9.7.1　基本情况

三角联圩归属九江市永修县管辖，位于永修县东南部、修河尾闾，北临修河干流，东滨鄱阳湖，南隔蚂蚁河与南昌市新建区相邻，为一封闭圩区，堤线长 33.57km。

圩堤属 4 级堤防，保护面积 56.28km，保护耕地 5.03 万亩，保护人口 6.38 万人。保护区地形平坦，地势低洼，土地肥沃，生产粮、棉、油和水产品，在永修县的经济中占有举足轻重的位置。

历年汛期中，三角联圩于 1954 年、1955 年、1983 年、1998 年发生过溃堤决口险情，每次险情中受淹耕地均超 2 万亩，直接经济损失均超亿元，其中，1998 年溃堤险情中，受淹耕地达 5.03 万亩，受灾人口达 3.26 万人，死亡 2 人，直接经济损失达 2.25 亿元。

2020 年 7 月，鄱阳湖区再次发生特大洪水，受修河水位持续上涨的影响，7 月 12 日 19 时 40 分，三角联圩桩号 27+870~28+000 堤段发生决口险情。决口现场情况见图 9.7-1。

发生险情堤段为三角联圩与新培圩共有堤段，该段堤身土质主要为重粉质壤土，局部为轻壤土、中粉质壤土、粉细砂等。堤基上部黏性土一般厚 1.8~4.9m，堤内较厚，一般为 5.5m，由粉质黏土及重粉质壤土组成。下部由细砂夹粉质黏土及砂砾石构成，揭露厚度 15.6m。下伏白垩系泥质粉砂岩，岩面高程一般为 −1.68~−1.10m。

图 9.7-1　三角联圩决口现场

9.7.2　出险原因

（1）发生过程。2022 年 7 月 12 日 8 时，吴城站水位达 22.96m，接近 1998 年最高洪水位 22.98m，与三角联圩相邻的新培圩桩号 3+300 处发生漫堤溃决，导致共有堤段开始直接拦挡洪水。据 7 月 12 日黄昏时当地群众拍摄的视频，险情堤段堤身中下部涌出大量洪水。7 月 12 日 19 时 40 分，共有堤段内桩号 27+870～28+000 范围堤段发生溃决。此时，该堤段外河水位约为 22.97m（接近共有堤段设计洪水位 23.04m）。

（2）原因分析。7 月 12 日 8 时新培圩溃决进洪后，圩内水位上涨迅猛，最高达到 22.97m。共有堤段自除险加固后到新培圩溃决进水近 10 年未挡水，堤身杂草丛生、树木茂密，存在生物洞穴（白蚁、鼠、蛇穴、枯树根洞等）的可能性极大。

经调查分析，圩堤溃决前圩堤已发生较大的漏洞险情，出水线位于堤身中下部，且颜色与堤身填土颜色相近；随时间推移险情加剧，堤身土体大量带走，漏洞口径逐渐扩大，最后导致溃堤。

9.7.3　处置措施

（1）测量口门处流速、水深、口门宽度、口门处上下游水位等数据，确定堵口堤线，估算堵口工程量。

（2）对口门左侧堤身进行回填拓宽，为施工机械留出充足的作业面。

（3）在口门左右侧堤头抛石形成裹头，防止口门发展扩大。

（4）从口门两端相对进堵，同时准备钢筋石笼、混凝土预制块等，以备高流速区进占及决口合龙时使用。

（5）合龙完毕后，在进占体上下游回填黏土，对决口封堵进行闭气。

9.7.4　经验教训

（1）对于决口险情抢护，最重要的就是抢时间、抢进度，一方面现场要留出充足的作业面，让施工机械能互不干扰地开展工作；另一方面，要组织好人力、设备，按计划备足物料，不允许出现停工停料现象，特别是在合龙阶段，不允许有间歇等待的情况发生。

（2）决口发生后，若有条件，应立即采取措施对口门两端的堤头进行防护，防止口门发展扩大。

（3）在堵口施工中，要不间断地检查水情和工情，针对可能发生的险情进行预判，并做好预防和应对措施。

（4）堵口施工现场人员、设备众多，应采取措施确保施工现场安全，并减少对施工的干扰。

9.8　2020 年康山大堤脱坡险情抢护

9.8.1　基本情况

康山蓄滞洪区位于江西省余干县，鄱阳湖东南岸，赣江南支、抚河、信江三河汇合口的下游，区内总集雨面积 450.30km²，有效蓄洪容积 15.8 亿 m³，承担 25 亿 m³ 的分蓄洪任务，是长江流域防洪体系中的重要组成部分。康山大堤内就是康山蓄滞洪区，兴建于 1966 年，1986 年被列入国家重点堤防。保护乡镇场局 10 个，居民 1.5 万户，人口 9 万余人，保护面积 46.86 万亩，耕地 19.7 万亩。圩堤全长 36.25km。堤身及堤基土质 2/3 为壤土及黏土，1/3 为粉质砂土，圩堤上有建筑物 5 座。康山大堤鸟瞰见图 9.8-1。

图 9.8-1　康山大堤鸟瞰图

9.8.2　出险过程

2020 年 7 月 11 日上午 9 时，外湖水位 22.44m（黄海高程），超警戒水位 2.90m，持续 7d，康山大堤现场巡查人员反映，康山大堤忠臣庙段桩号 11＋200～11＋400 背水坡发现裂缝，裂面位于堤坡中部，裂缝宽约 0.3m，滑体错位最大达 1.2m（见图 9.8-2 和图 9.8-3），坡脚渗水、松软，坡脚外水田积水严重。滑体大小约 2000m³，滑弧底渗水较多。

9.8.3　原因分析

（1）发生险情堤段填土为老滑坡体，新老土结合不紧密，且培坡土透水性弱，存在堤身薄弱面。

图 9.8-2　脱坡滑裂面

图 9.8-3　下挫约 1.2m

（2）汛期外河处于高水位时，堤身浸润线台高，堤身薄弱面渗水，背水坡堤身土体处于饱和状态，土体抗剪强度显著降低。

（3）连日降雨，堤脚积水浸泡土体松软。

（4）现场未及时采取开沟导渗等临时措施。

在以上因素综合作用下，导致堤坡沿新老接合面发生大面积脱坡失稳险情。

9.8.4　险情处置

先后采取坡面开沟导渗、坡脚开沟排水、坡脚固脚阻滑、裂面封闭保护和加强观测。

（1）坡面开沟导渗。顺坡方向坡面导渗沟布置，从裂缝起始端一直开挖至坡脚，间隔10m 一条，导渗沟采用小挖机或人工开挖，宽约 0.5m，深约 0.8m，沟内铺设厚约 30cm 的砂卵石，导出滑坡体内渗水，降低浸润线，坡面开挖导渗沟见图 9.8-4。

（2）坡脚开沟排水。利用挖机沿滑坡体坡脚开挖纵横排水沟，纵向排水沟距堤脚5m，留出阻滑体位置；横向排水沟对应坡面导渗沟顺延。排水沟宽 0.8m，深 1.0m，确保坡面渗水、坡脚积水排出，避免继续浸泡堤脚土体，见图 9.8-5。

（3）坡脚固脚阻滑。采用袋装土或卵石在滑坡体坡脚堆垒固脚平台，阻止滑坡体进一步下滑趋势，固脚平台宽约 3m，高约 2m，固脚平台在坡面导渗沟处应留出排水通道，见图 9.8-6。

图 9.8-4　坡面开挖导渗沟

图 9.8-5　堤脚开挖排水沟

图 9.8-6　堤脚固脚阻滑

（4）裂面封闭保护。为防止晚上突降大雨，雨水沿滑裂面下渗，进一步加剧滑坡，在当天处置措施完成后，预备彩条布，覆盖滑裂面。

采取系列措施处置完成后，险情得到较好的控制，见图9.8-7。

图9.8-7 处置完成后实景图

9.8.5 经验总结

（1）当土质堤防出现外坡脱坡时，应查看险情状况，分析险情成因。根据现场抢险条件和出险原因，针对性采取抢险措施，抢险措施以导渗固脚为主，若滑坡土体浸泡过久，还需清除一部分，换填透水性较好的培坡料。

（2）采用导渗沟时，其内应回填透水砂卵石料，若渗水量大，也可直接回填卵石料。

（3）堤防工程加固设计时，应重视新老接合部位处理。对类似工程进行老堤外坡培坡加固设计时，建议应采用透水风化料填筑，同时对新老土接合面加以处理，可增设坡面导渗暗沟和坡脚贴坡排水体等降低堤身浸润线等，还可增加必要的变形监测设施，加强运行期管理。

（4）机械化施工加快处置速度。在实际抢险的过程中，单纯依靠人工速度慢、效率低，建议能用小型机械尽量用小型机械，加快处置进度。

9.9 2020年淮河姜唐湖行洪堤戴家湖涵抢险

9.9.1 基本情况

2020年7月，受强降雨和上游来水影响，安徽省淮河干流淮南以上发生超保证洪水，润河集至汪集河段、小柳巷段发生超历史洪水。7月20日13时，在运用蒙洼、南润段、邱家湖等蓄滞洪区后，润河集、正阳关站点水位仍在上涨。为有效降低正阳关附近水位，减轻淮河干流防洪压力，开启姜唐湖行洪区进洪闸、退洪闸同时向姜唐湖行洪区进洪。7月26日上午9时，姜唐湖行洪区内水位达26.24m，蓄洪库容7.7亿m^3。戴家湖涵位于姜唐湖行洪区北堤上，为颍上县戴家湖向姜唐湖行蓄洪区老淮河故道排涝的排涝涵。戴家湖涵涵洞长55.2m，底高程14.65m，共2孔，孔口尺寸为2m×2.2m（宽×高），防洪闸门设在姜唐湖行蓄洪区侧，为铸铁闸门，螺杆式启闭机。

9.9.2 出险原因

2020年7月26日9时57分，颍上县半岗镇巡堤查险人员在戴家湖涵闸巡查时，听到闸门一声闷响，随后发现洪水从姜唐湖行洪区通过戴家湖涵西侧闸门瞬间涌入堤后垂岗圩。在堤后约40m处形成向上翻滚的水流区，直径约10m。戴家湖侧水位18.50m，闸门破损处水深约12m，内外水头差接近8m，闸门破损涵洞反向进水流量约40m³/s。堤内地面高程约21.22m，洪水威胁入垂岗圩内半岗、垂岗2个乡镇7个行政村8476人和1.9万亩耕地安全。同时，垂岗圩北侧沿岗堤多年没有挡水，一旦大量洪水进入，沿岗圩堤出险甚至溃决的风险很高，将有可能影响到颍上县城和颍右圈堤的安全。

9.9.3 险情处置

险情发生后，省、应急部、市、县及淮委的领导、技术专家会商后，确定内堤外联动、多重方案并行的方针，同步实施人员撤退、堤防加固防守、险情处置的方案。

(1) 转移妥善安置受洪水威胁的群众。市县镇村四级联动，紧急组织洼地人员安全转移。抽调近900名警力，配合镇村干部开展拉网式排查，确保不落一户、不少一人。同时，出动宣传车，向群众宣传转移安置地点，历时3h，戴家湖流域内群众全部安全转移。

(2) 及时加固沿岗堤圈加强防守。连夜对沿岗堤、垂岗保庄圩封闭堤堤顶欠高及穿堤涵洞等薄弱部位进行加固、邱家湖站干渠抢修子堤，安全封堵过堤涵洞，确保二道防线全线达标。

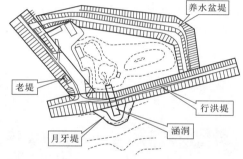

图9.9-1 险情处置示意图

(3) 堤内堤外联动，三管齐下彻底解除险情，具体见图9.9-1所示。

1) 抢险方案。在姜唐湖行洪区侧涵闸前抛投堵漏，先用钢筋笼装块石抛投，然后用编织袋装石子集中放入钢丝网中抛投，再用编织袋装黏土抛投闭气，封堵涵闸进水口；在垂岗圩侧堤后构筑"养水盆"，利用行洪堤、西侧老堤和北侧东侧新筑围堤，形成"养水盆"，减少行洪堤内外水头差；在姜唐湖行洪区侧涵闸前填筑"月牙堤"，包裹住漏水涵闸，防止闸门渗漏，保证涵闸和行洪堤安全。

2) 方案实施。涵闸前抛投堵漏，7月26日14时40分开始，利用一钢渡船和一台挖掘机进行闸前抛投块石钢筋笼、石子钢丝网，后又投放了钢管格栅、棉被、黏土袋等。至7月30日8时，抛投的黏土袋露出水面，涵闸前抛投堵漏基本结束。涵闸堵漏共抛投石料近3000t、钢丝网约500套、钢筋笼92个；在堤后构筑"养水盆"，7月26日19时进行"养水盆"现场地形查勘，决定利用行洪堤、西侧老堤，在北侧和东侧选择相对高地筑新围堤，形成"养水盆"；7月26日22时开始施工，7月30日19时完成。"养水盆"顶口面积约2万m²，周长643m。新筑堤土方4.9万m³，堤顶高程27.30m，顶宽8.0m，边坡1:3；在涵闸前填筑"月牙堤"，7月29日晨全面展开，用自卸汽车运送黏土沿行洪堤从涵闸两侧向闸前填筑推进，用推土机和挖掘机平土整形。在填筑到防洪闸前端之前，利用舟桥部队浮船从水上先抛投约 100m^3 袋装石子固脚，然后填筑"月牙堤"。至 7 月 31 日 14 时 40 分"月牙堤"合龙。在月牙堤与行洪堤围成的区域内填充黏土形成平台。8 月 1 日晨平台填筑完成，实施过程见图 9.9-1～图 9.9-3 所示。

图 9.9-2　险情处置现场　　　　　　　　　图 9.9-3　险情处置现场

3）抢险效果。涵闸前抛投堵漏过程中，涵洞漏水量从封堵前的约 $40\text{m}^3/\text{s}$ 逐步减少，至 7 月 30 日 15 时，已无明显渗漏流量，涵洞漏水得到有效控制。至 8 月 1 日上午，抢险方案 3 项应急处置措施全部实施到位，险情解除。"月牙堤"填筑过程中，将月牙堤堤内全部填充黏土，实际形成一个黏土"半岛"，包裹住整个涵闸，增加涵闸保险系数，具体见图 9.9-4 所示。

（a）侧视图　　　　　　　　　　　　　　（b）鸟瞰图

图 9.9-4　险情处置效果实景图

抢险累计投入人员 2125 人（其中解放军 1850 人），挖掘机 95 台，推土机 58 台，自卸车 96 台，整个抢险过程没有发生安全事故和人员伤亡。戴家湖涵闸 4d 堵漏成功，6d 彻底消除险情。

9.9.4　险情分析

经分析，造成事故的原因主要有：①闸门材质不符合要求；②汛前没有对水下结构进行检查。戴家湖涵为 2006 年拆除重建工程，考虑铸铁闸门成本相对较低，抗锈蚀，止水效果好，安装、维护、保养方便，选用了铸铁闸门。但铸铁闸门抗拉强度低，脆性大，在铸造过程中不可避免有气泡缺陷。一旦破坏，为整体破坏，危害性极大。在闸门出厂验收时，规范不要求检测原材料，只能依靠闸门生产厂的检测报告，存在风险隐患。铸铁闸门是整体结构，止水效果好，但闸门和门槽常年在水面以下，一般需要打围堤排水才能进行检查，汛前检查受资金限制，是检查的薄弱环节。

9.9.5   经验总结

（1）技术人员、抢险队伍要第一时间到位。险情发生后，省委、省政府高度重视，省主要领导第一时间做出要求、第一时间赶往现场，查看出险现场，与现场负责人和专家充分研判，成立现场抢险指挥部，组成抢险专家组，迅速拿出抢险技术方案，调集更多应急救援力量，上足抢险物料，确保现场抢险高效有序展开。

（2）准确、快速度研判险情和提出应对措施。高水位下险情具有突发性、不确定性、速变性，往往发展很快，如果险情判定不准、处置措施不力，从出险到溃堤溃坝的时间很短。因此，对可能出现溃堤溃坝的险情，必须要牢固树立底线思维，第一时间分析研判溃堤溃坝后可能淹没范围，不得有丝毫侥幸心理，立即对受威胁群众进行安全转移避险，确保不死人。

（3）科学给予险情处置方案。科学识别险情、全面认识风险影响是首要工作。省领导综合当时雨情、水情、地情、工情等方面，全面研判戴家湖涵险情的严重性和抢险的难度，极易发生溃堤风险。而一旦溃堤，一方面垂岗圩内人民群众生命财产安全受到严重威胁，另一方面，垂岗圩沿岗堤圈又将面临挡水风险。为此果断决策，提出垂岗圩受威胁群众撤退转移安置、沿岗堤圈加固防守、全力应急抢险的三大战略安排，为科学制定处置方案指明了方向。

（4）险情处置需要多措并举。对于不同类型的险情，必须统筹考虑险情大小、影响范围和当时的雨情、水情、工情和现场条件，采取多重措施齐头并进实施抢险，多上保险，确保万无一失。在戴家湖涵抢险过程中，高速水流、高水压下很难堵漏，那就要同步在堤后抢筑养水盆，减少水头差，为堵漏创造条件。同时，考虑到养水盆为雨天作业，筑堤土方含水量大，自身安全很难保证，那就要再在闸前筑月牙堤抛投全面封堵，彻底消除险情。在针对戴家湖涵闸险情处置过程中，还要同时对沿岗堤圈这个"二道防线"进行全面加固，加强防守，确保万无一失。

（5）高效、及时开展应急抢险。经慎重研究决定的方案确定后，不能有丝毫犹豫，必须立即组织发动一切可能的力量，分秒必争快速高效实施，以防贻误战机。对漏洞的封堵，特别是渗漏量大、流速快的漏洞封堵，抛投堵漏材料的强度和尺寸非常关键，个要大，量要大，速度要快，强度要高。在抢险人员队伍上，主要依靠解放军和武警部队官兵发挥主力军作用。实施抢险时能用机械的尽量用机械，效率高、效果好。

9.10   2021 年陕西省渭南市大荔县北洛河朝邑围堤决口处置

9.10.1   基本情况

北洛河朝邑围堤位于黄河小北干流下段右岸和北洛河下游左岸之间的朝邑滩区中部。围堤北起金水沟口，向南经赵渡镇再折向西北洛河左岸，与朝邑镇紫阳村处高岸相接，全长 34.97km。主要作用为保护黄河滩区 20 万亩耕地和范家镇、赵渡镇、雨林乡近 6 万移民群众生命财产安全。其中围堤上段 17km（0+000～17+000）由水利部黄河水利委员会管辖，下段 18km（17+000～35+000）由陕西省管理。朝邑滩区 1960 年以前属于不设防河滩，修建三门峡水库后，由于泥沙淤积、河床抬高，同流量洪水位明显升高。1964 年当地百姓自发修建了朝邑生产堤，堤高约 3m，堤顶宽 4～5m，临河侧坡比 1:2.5，背河侧坡比 1:2.0，堤身高度达不到防御年一遇的洪水标准。1993 年为了防止黄河西倒复入咸丰故道，陕西省安排专项资金对部分河段围堤进行了加高培厚加固。2002—2003 年又对下游河段约 25km 围堤进行了加高培厚加固。现状堤顶宽为 6～7m，临背水侧坡比为 1:（2.0～3.0）。

9.10.2 出险过程

2021 年 10 月 7 日 7 时 45 分北洛河状头站出现洪峰流量 1580m³/s，南荣华站 10 月 8 日 1 时 12 分出现洪峰流量 824m³/s，朝邑站（2000 年由水文站降级为水位站）10 月 9 日 6 时出现最高水位 338.16m，较建站以来最大的"94·9"洪水最高水位还高 0.73m。洛淤 1 断面（朝邑站下游 2490m）及朝邑站、华县站、潼关站、华阴站"21·10"洪水水位过程见图 9.10-1，图中标示了北洛河朝邑围堤两处决口发生时间。可以看出，截至决口发生前，漫滩洪水持续时间分别为 39h、66.5h。

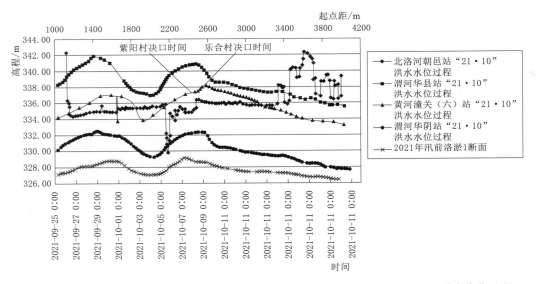

图 9.10-1 北洛河洛淤 1 断面及朝邑站、华县站、潼关站、华阴站"21·10"洪水水位过程

10 月 7 日 23 时，北洛河左岸朝邑围堤紫阳村段发生垮塌决口，决口位于紫阳村高滩下洛河围堤拐角处下游 1km，口门宽约 45m，水深 7～8m，决口流量约 150m³/s。

10 月 9 日 2 时 30 分，北洛河左岸朝邑围堤赵渡镇乐合村段出现漫堤决口，决口位于紫阳决口下游 2.2km 处，口门宽约 60m，水深 7～8m，决口流量约 120m³/s。两处决口处发展最大宽度分别为 60m、110m，最大决口流量分别为 80～150m³/s、100～200m³/s，最大淹没面积达 327km²，最大淹没水深 3m，平均淹没水深 1.4m。洪水造成赵渡镇及其周围 13 个村受淹，受灾人口 23.9 万人，农田受淹面积 17.5 万亩。损坏河道工程 9 处、抽水站 3 处、渠道 16.8km、输水管道 4.5km、县乡道路 245 处、生产路 179 处 17.8km，塌陷生产桥 84 座，直接经济损失约 5.5 亿元。

9.10.3　险情处置

2021 年 10 月 9 日北洛河朝邑围堤发生决口后，省水利厅派出专家组研究指导决口应急抢堵和积洪疏排，封堵西边两处决口，在围堤南端破堤，加速积水排入黄河、渭河，排除淹没区积水，南端排水口在 10 日下午首先实施完成，排水流量最大 150m³/s。两处决口现场有 110 余辆运输车辆、装载机、挖掘机，采取 24h 不停机工作方式，进行抢险封堵作业；市、县两级紧急调度编织袋 89 万条，木桩 2.8 万根，铅丝 53.8t，备防石 9 万 m³，用于决口封堵；开挖排往黄河的出水通道 5 处，将淹没区积水经雨林村、富民村、春合村、新安村和新建村等 5 个村，从黄河小北干流 72 号堤坝下侧排入黄河，最大排水流量达 450m³/s。经过合力攻坚抢堵，两处决口分别于 10 月 12 日 17 时 36 分、10 月 13 日 16 时 35 分成功合龙。

9.10.4　险情分析

通过对北洛河左岸朝邑围堤紫阳村、赵渡镇乐合村两处决口附近堤防及河势等的现场调查，绘制围堤决口处堤防断面见图 9.10-2、图 9.10-3，分析决口原因如下：

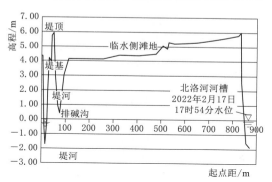

图 9.10-2　北洛河朝邑围堤紫阳村决口处
堤防横断面及滩槽示意图

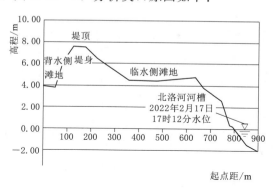

图 9.10-3　北洛河朝邑围堤乐合村决口处
堤防横断面及滩槽示意图

（1）北洛河朝邑围堤是 1964 年由沿岸老百姓自发修建的挡水工程，主要用于防护滩区耕地，且长期作为当地百姓农耕生产运输道路，多年未进行过系统治理，仅在 2002—2003 年进行过简单的加高培厚。后期随着经济发展，特别是三门峡库区移民返迁，工程防护对象变为村镇，工程防护标准没有及时调整提高，围堤维修养护不到位，堤身纵向裂缝遍布，雨水冲蚀等损毁严重。

（2）洪水发生前，紫阳村决口处围堤临水侧存在宽 15～20m、深约 3.5m 的堤河，背水侧堤脚外约 8m 处存在宽 13m、深约 6m 的排碱沟。这种结构特征显著缩短了通过堤基的水流渗径，容易引起堤基管涌、流土等结构破坏。乐合村决口处堤身存在约 0.5m 的临背差，且距离主河槽较近（约 40m），位于主河槽弯道凹岸上首，洪水漫滩后受主流变动影响极易遭受洪水顶冲淘刷。

（3）北洛河滩区长时间高水位行洪。北洛河洪水发生前后，库区黄、渭、泾河均出现较大洪水。渭河华县站分别于 9 月 28 日 19 时、10 月 8 日 8 时 30 分出现洪峰流量 4860m³/s、4540m³/s，黄河潼关站分别于 9 月 29 日 23 时、10 月 7 日 10 时出现洪峰流量 7480m³/s、8360m³/s。由于北洛河洪水与渭河 2 号、3 号洪水遭遇，受黄、渭河洪水倒灌顶托影响，北洛河洪水下泄不畅，滩区长时间高水位行洪，依据紫阳村决口上游约 3km 的朝邑站资料，10 月 6 日 8 时朝邑站水位 336.24m，洪水开始漫滩，水位不断上涨，至 10 月 7 日 23 时水位 337.22m，滩上水深 0.98m，围堤临水时间 39h；至 10 月 9 日 2 时 30 分水位 338.08m，滩上水深 1.84m，围堤临水时间 66.5h；两次决口发生时朝邑站水位分别较本次洪水中最高水位低 0.94m、0.08m，但仍分别较建站以来最大的 "94·9" 洪水最高水位低 0.21m、高 0.65m。

参 考 文 献

［1］ 万海斌. 抗洪抢险成功百例［M］. 北京：中国水利水电出版社，2000.

［2］ 江苏省防汛防旱抢险中心，江西省防汛抢险训练中心. 防汛抢险基础知识［M］. 北京：中国水利水电出版社，2019.

［3］ 江苏省防汛防旱抢险中心，江西省防汛抢险训练中心. 堤防工程防汛抢险［M］. 北京：中国水利水电出版社，2019.

［4］ 全国水利行业"十三五"规划教材（职工培训）. 防汛抗旱与应急管理实务［M］. 北京：中国水利水电出版社，2017.

［5］ 徐卫明. 防汛抢险典型案例实操手册［M］. 北京：中国水利水电出版社，2020.

［6］ 汪自力，何鲜峰，等. 河道堤防决口风险辨识与防控对策［J］. 中国水利，2022（10）：38 - 40，31.

［7］ 赵敏歌. 北洛河朝邑堤"21·10"洪水决口成因分析［J］. 陕西水利，2022（6）：55 - 57.

［8］ 郑乔田，鲍峰. 淮河姜唐湖行洪堤戴家湖涵堵口抢险的思考［J］. 治淮，2021（4）：12 - 14.

［9］ 武刚. 颍上县戴家湖涵闸抢险分析［J］. 江淮水利科技，2021（2）：35 - 36.

［10］ 董哲仁. 堤防除险加固实用技术［M］. 北京：中国水利水电出版社，1998.

［11］ 山东黄河河务局. 堤防工程抢险［M］. 郑州：黄河水利出版社，2015.

［12］ 范天印，汪小刚. 土堤险情特征与应急处置［M］. 北京：中国水利水电出版社，2016.

［13］ 刘树坤. 中国水旱灾害防治：战略、理论与实务·防汛抢险实务［M］. 北京：中国社会出版社，2017.

［14］ 蔡新，郭兴文，江泉，等. 堤防工程安全风险评价［M］. 南京：河海大学出版社，2020.

［15］ 范天印. 土堤险情特征与应急处理［M］. 北京：中国水利水电出版社，2016.

［16］ 高延红，张俊芝. 堤防工程风险评价理论及应用［M］. 北京：中国水利水电出版社，2011.

［17］ 顾慰慈. 堤防工程设计计算简明手册［M］. 北京：中国水利水电出版社，2014.

［18］ 李广信，张丙印，于玉贞. 土力学［M］. 3版. 北京：清华大学出版社，2022.

［19］ 麻荣永，陈立华. 堤防岸坡稳定与堤型结构优化分析方法［M］. 北京：科学出版社，2022.

［20］ 水利部水利水电规划设计总院. 堤防工程设计规范：GB 50286—2013［S］. 北京：中国计划出版社，2013.

［21］ 赵振兴，何建京. 水力学［M］. 2版. 北京：清华大学出版社，2010.

［22］ 康立芸，杨晓茹，马朋坤，等. 我国大江大河堤防现状与建设对策建议［J］. 中国水利，2023（14）：4 - 7.

［23］ 苏凤霞. 天津市防汛分洪口门水文应急监测方法探讨［J］. 海河水利，2021（10）：80 - 81.

［24］ 詹道江，徐向阳，陈元芳. 工程水文学［M］. 4版. 北京：中国水利水电出版社，2010.

［25］ 齐玉亮. 松辽流域防汛抗旱减灾体系建设与成就［J］. 中国防汛抗旱，2019，29（10）：80 - 88.